生活的智慧　成功的法则

王志刚◎编著

35岁前
你该做什么

中国华侨出版社
The Chinese Overseas Publishing House

图书在版编目（CIP）数据

35 岁前，你该做什么 / 王志刚编著 . -- 北京：中国华侨出版社，2014.12（2018.10 重印）

ISBN 978-7-5113-5079-4

Ⅰ．①3… Ⅱ．①王… Ⅲ．①个人－修养－通俗读物 Ⅳ．① B825-49

中国版本图书馆 CIP 数据核字（2014）第 301649 号

● 35 岁前，你该做什么

著　者 /	王志刚
责任编辑 /	茶　蘼
装帧设计 /	王丽杰
经　销 /	全国新华书店
开　本 /	710×1000 毫米　1/16 开　印张 /14　字数 200 千字
印　刷 /	北京竹曦印务有限公司
版　次 /	2019 年 1 月第 1 版　2019 年 1 月第 1 次印刷
印　数 /	4000 册
书　号 /	ISBN 978-7-5113-5079-4
定　价 /	39.80 元

中国华侨出版社　北京市朝阳区静安里 26 号　邮编：100028

法律顾问：陈鹰律师事务所

编辑部：（010）64443056　64443979

发行部：（010）64443051　传真：（010）64439708

网址：www.oveaschin.com

E-mail:oveaschin@sina.com

前　言

　　生命是一个短暂的过程，是一条永不回头的单行线。你想过怎样的生活，完全取决于你自己。人的一生，都在追求大大小小的成功，而人一生所取得的成就，则很大程度取决于35岁之前你做了什么。

　　我们为什么把年龄界定在了35岁？因为35岁是人生最重要的一个时期，也是人生的一个分水岭。35岁之前是人生的黄金时期，无论是在思考力、创造力、执行力等方面，都是最好的阶段。

　　一般来讲，25岁之前基本是求学探索阶段，25岁到30岁间，应了解自己想要做什么，并切入到相关行业开始创业；30岁到35岁间，是创业的关键时期，35岁以后则是大发展、大收获的时期。在35岁时，人们一般都进入了人生的稳定期，经商的一般在35岁之前大多选准了行业，工作的人在35岁也已基本定型，可见，35岁的确是人生最为关键的阶段。要想在人生中有所成就，这一时期必须积累一定的人生经验、事业基础，才能为以后的成功之路奠定良好的基础。

　　有人说："35岁之前不要怕，35岁之后不要悔。"意思就是说，35岁之前的任何失败都没有关系，你只需勇敢去做就够了，因为这是积累人生经验的时期，比如选择职业、积累人脉关系、学会为人处世方法与做事技巧，等等。在这期间，无论成功或失败的经验，都是人生的宝贵财富。而35岁后则过了人生的选择阶段，也积累了一定的人生经验，你只需一直努力，一般就可以让人生无憾。

有的人在享受生活赋予的美好，有的人在悲叹着命运的无情；有的人像奔赴战场一样匆忙地走完一生，而有的人悠闲自在；有的人在其短暂的一生中取得了辉煌的成就，而有的人碌碌无为。究竟是什么让我们的命运略有所同，却又各自不同？这就在于35岁之前你是否积累了成功的经验，如果你在35岁之前已经拥有了这些，那么成功就会属于你。

很多人在追求成功，但是真正成功的人却很少。其中的原因绝不在于他们没有能力、缺乏聪明才智等，而在于走错了路，用错了方法。为此，我们特别推出了这本《35岁前，你该做什么》：

（1）定位——知道自己属于哪种人

（2）习惯——好命不如好习惯

（3）磨难——磨难是人生的另一个太阳

（4）激励——激励是人生的一盏明灯

（5）做人——学会做人是一生的课题

（6）社交——社交影响你一生

（7）礼仪——你的形象价值百万

（8）动脑——遇事多动脑筋

（9）办事——会办事是一种能力

（10）择业——千万不要入错行

（11）细节——细节决定成败

（12）机遇——机遇在勤奋者手中

请相信：成功与精彩不是某些人的专利！成功并非易事，但也不是完全不可企及，正所谓大有大成，小有小就。我们不可能都会取得像李嘉诚、比尔·盖茨等人那样的成就，但我们每个人都可以尽早为自己设立目标，积累经验，经过五年、十年的努力，达到人生的阶段性目标，取得一定的成功。

诚然，本书并不能把所有的成功条件涵盖其中，天下之事，本无固定之说。总之，要善于借鉴别人所长，多总结人生的经验，并灵活运用到生活中。这样，35岁后您至少可以无悔，并能开拓打造自己的辉煌人生。

目　　录

第三章　磨难是人生的另一个太阳

第四章　激励是人生的一盏明灯

第五章　学会做人是一生的课题

第六章　社交影响你一生

第七章　你的形象价值百万

第八章 祸福相生，遇事多动脑

第九章 掌握解决问题的能力

第十章　千万不要入错行

第十一章　细节决定成败

第十二章　机遇在勤奋者手中

第一章

人生从定位开始

※ 知道自己属于哪种人 ※

　　成功的人生无不从一个准确的目标定位开始，而目标定位则基于对自己清醒的认识。你属于哪种人？你应该是哪种人？只有清醒地了解这一点，你才能正确地设定理想目标。了解自己的优点，知道自己的差距，精心地规划自己，准确地给自己的人生定位，并以成功者的心态去做，你才能在射向人生标靶的过程中，把握正确的方向，走向成功的人生。

1.知道自己属于哪种人

德而菲斯的神殿上，用金字书写着五个大字"认识你自己"。也就是说，人要有自知之明，知道自己属于哪一种人，如此才能把握自己的优点、缺点，从而正确地为自己的人生定位。如此才能对客观环境做出是否有利于自己，如何有利于自己的判断，从而增加成功的系数，减少失误。

现实生活中，很多人都不能正确地认识自己，从而产生两个误区：一是高估自己，认为自己无所不能，任何人都无法赶超；二是贬低自己，认为自己是个无用之人，各方面都不及别人。这样就形成了两种趋势，前者过于自大，很可能经受不起社会中困难的磨砺，一旦遇到困难便会退缩或停滞不前；后者则根本不敢去接触社会，即使机会降临也畏首畏尾，白白浪费了"上天的一片好意"。所以，对自己有个正确的评价和认识非常重要。因为，你的一切行动都需要根据自己来判断，如果不知道自己属于哪一种人，你的决定还能正确吗？

一个人能不能创造成功的人生，关键是要看他能不能清醒地认识到自己属于哪一种人。要正确地认识自己，其实并不简单，这也是一件非常残酷的事情。因为我们会发现自己有这样那样的缺点，比如长得不好看，没有过人的才能，动作笨拙，一无是处。我们也可能会觉得自己长得很帅，是天下第一，无所不能，傲视群雄，完美无缺。然而，这一切都是自我的感觉。这就是人们常说的认识别人难，认识自己更难。在社会现实面前，也许完全不是这么回事。

社会学给了我们认识自己的三个途径：

（1）从别人的眼中认识自我

《邹忌讽齐王纳谏》的故事就是一个很好的例子。

邹忌入朝拜见齐威王说："我知道自己实在不如城北徐公漂亮，可是我妻子因为偏爱我，就说我比徐公漂亮；我的妾因为害怕我；客人因为想让我帮他办些事情，也都说我比徐公漂亮。如今齐国土地方圆千里，有一百二十座城池，宫中的美女和左右的近臣，没有一个不偏爱大王；朝廷的大臣，没有一个不害怕大王；四境之内，所有人都有求于大王。由我和徐公比美这件事看来，大王您整天听到许多恭维的话，您受到的蒙蔽就更厉害了。"

齐威王听后，连连点头，于是发布命令："朝廷大臣、官吏以及老百姓，能当面指责寡人过失的，给予上等奖赏；上书劝告的，给中等奖赏；能在大庭广众之下指责寡人，而且传到我耳朵里的，就给予下等奖赏。"

命令刚发下去，当官的与一般老百姓都来进谏，门庭若市。几个月后，还断断续续有人进谏，一年以后，即使有人想说，也没有什么可说的了，齐国因此日益繁荣。

· 4 ·

从这个故事里看出，齐王能从他人的意见中，不断地认识自己，了解自己究竟是什么样的人，不被假象蒙蔽，超越了自我。人常说当局者迷，旁观者清。自己的言行相貌，自己很难判断，而别人正是一面镜子，看得很清楚。听听别人的评价有利于更清楚地认识自己。

（2）从与他人比较中了解自我

人与人之间肯定是不一样的，平常的生活中，多观察别人，看见他人的长处与短处，再与自己比较起来，你就能更清楚地认识自己。

（3）从自己的实践中认识自己

自己在生活中做了哪些事情？长于什么，拙于什么？成功了多少？失败了多少？通过回顾与总结自己的人生之路，就能正确地认识自己，更清楚自己属于哪种人。

我们应该更好地认识自己，自我反省加上环境的反馈，以及亲朋好友的建议，一个真实的自己就在眼前了。正确地认识自我，就要面对现实，勇敢地接受自己，承认自身不足，从现有的条件出发，发展自己，发挥长处，给自己的人生定位，成就完美的人生。

人贵有自知之明，才能不为假象、虚言而迷惑，尤其是想在事业上成功的人，要做到这一点很难，但如果能做到有自知之明，则于自己是非常有益的。

2.设定人生的标靶

孔子说："吾十有五而志于学，三十而立，四十而不惑，五十而知天命，六十而耳顺，七十而心所欲，不逾矩。"由此看来，对于人生的设计，早在我国古代就已经有这样的课题了。人若想成功，首先就要对自己有明确的定位和远大的目标，给自己设定出人生的标靶。否则，凡事只停留在思考阶段，不去付诸行动，那么永远也不会成功。

撒哈拉沙漠中有一个小村庄叫比塞尔。它靠在一块1.5平方公里的绿洲旁，从这儿走出沙漠一般需要三天三夜，可是在英国皇家学院的院士肯·莱文1926年发现它之前，这儿的人没有一个走出过大沙漠。据说他们不是不愿意走出去，而是尝试过很多次都没有成功。

肯·莱文用手语同当地人交谈，结果每个人的回答都是一样的：从这儿无论向哪个方向走，最后都还要转回到这个地方来。为了证实这种说法的真伪，莱文做了一次试验，从比塞尔村向北走，结果3天半就走了出去。

比塞尔人为什么走不出去呢？肯·莱文感到非常纳闷，最后他决定雇一个比塞尔人，让他带路，看看到底是怎么回事？他们准备了能用半个月的水，牵上两匹骆驼，肯·莱文收起指南针等设备，只拿一根木棍跟在后面。

10天过去了。他们走了大约800英里的路程，第11天的早晨，一块绿洲出现在眼前，他们果然又回到了比塞尔。这一次肯·莱文终于明白了，比塞尔人之所以走不出大沙漠，是因为他们根本就不认识北极星。

在一望无际的沙漠里，一个人如果凭着感觉往前走，他会走出许许多多大小不一的圆圈，最后的足迹十有八九是一把卷尺的形状。比塞尔村处在浩瀚的沙漠中间，方圆上千公里，没有指南针想走出沙漠，确实是不可能的。

肯·莱文在离开比塞尔时，带了一个叫阿古特尔的青年。他告诉这个青年："只要你白天休息，夜晚朝着北面那颗最亮的星星走，就能走出沙漠。"

阿古特尔照着去做，3天之后果然来到了大漠的边缘。

从这个故事可以看出，人若没有目标，就等于没有方向，而没有方向的人，注定要在人生的旅途中徘徊。没有目标的人，就只能蹉跎岁月，一事无成。美国著名的成功学大师拿破仑·希尔指出："新生活是从选定方向开始的。"仔细想来，这句话不正是让我们的人生有个明确的目标吗？

有人不能成功，缺少的不是能力，而是正确的方向和明确的目标

成功者与平庸者的区别在于：成功者始终有一个明确的目标、清晰的方向，并且自信心十足、勇往直前地走向前方；而平庸者却是终日浑浑噩噩、优柔寡断，迈不开决定性的一步。

有个生长于旧金山贫民区的小男孩，他叫奥伦索·辛浦森。在我们看来，他很不幸。因为他从小因为营养不良而患软骨症，在6岁时双腿变成

"弓"字形，而小腿更是严重萎缩。然而，身体的畸形并没有给他的心理带来太大的压力。因为在他幼小心灵中一直藏着一个除了他自己，没人相信会实现的目标——那就是有一天他要成为美式橄榄球的全能球员。

传奇球星吉姆·布朗是他的偶像，每当吉姆所在的克里夫兰布朗斯队和旧金山四九人队在旧金山比赛时，他便不顾双腿的不便，一跛一跛地到球场为心中的偶像加油。虽然他买不起票，但他也会等到全场比赛快结束时，从工作人员打开的大门溜进去，欣赏最后剩下的几分钟，就是这几分钟，也让他欣喜不已。

和现在所有的追星族一样，他也很想见到他的偶像。13岁时，他终于等来了这次机会。有一次，他在布朗斯队和四九人队比赛之后，在一家冰激凌店见到了偶像，他大大方方地走到这位大明星的跟前，大声说道："布朗先生，我是你最忠实的球迷！"

吉姆·布朗和气地向他说了声"谢谢"。这个小男孩接着又说道："布朗先生，你知道我的目标吗？"

吉姆转过头来问道："小朋友，你能告诉我吗？"

男孩自豪地说道："我记得你所创下的每一项纪录，每一次的布阵。布朗先生，有一天我要打破你创下的每一项纪录！"

听完小男孩的话，这位美式橄榄球明星微笑地对他说道："这么远大的目标！那么，我恭喜你，并希望你能做到。"

奥伦索·辛浦森见到偶像后，更加努力训练，并参加了正规的球队，向着他的目标进发。日后，他确如少年时说过的那样，在美式橄榄球场上打破了吉姆·布朗所创下的所有纪录，同时还创下了一些新的纪录。

这是个真实的故事。奥伦索·辛浦森以残疾之身创下新的纪录，就是因为他对自己有明确的定位，他的目标就是打破偶像的纪录。

我们会成为什么样的人，会有什么样的成就，会有什么样的业绩，首先在于制定什么样的目标规划，连标靶都没有的人，那射出的箭可想而知。

一个没有目标的水手是可怜的，因为他在茫茫的大海上不知道何去何从，他的生命就在错过一个个成功的口岸后渐渐老去。你可以长时间卖力工作、创意十足、聪明睿智、才华横溢、屡有洞见，甚至好运连连，可是，如果你无法在创造过程中了解自己的方向是什么，一切都会徒劳无功。所以，要想成功，给自己设定明确的标靶非常重要。它可以成为方向的指引者，也是我们努力的目标。它让我们的奋斗更为有意义，也会让我们的人生充满动力。

3.找到自身的不足

当我们知道自己属于哪一种人，给自己确定了明确的标靶以后，找到自身的不足就显得尤为重要。每个人都在不同程度上存在着某些不足。有不足并不可怕，正因为能正确认识不足，找到不足，我们才能调整方向，调整自己，最终成为成功的人。

生活中，很多人抱怨自己不成功，他们经常把失败归咎于客观的原因，而忽视了主观的努力，不知道从自身找差距，而是经常把眼光放在别人的优势上，总觉得别人都比自己强，总觉得他人拥有成功的一切条件，而自己却两手空空。其实，这样的抱怨本身就为不成功埋下了隐患。人都有优缺点，有时候，优点并不一定是成功的绝对保证，而找到不足则未必不是成功的条件。

我们来看这样一个故事：

有三个人住在一家宾馆。有一天，三个人准备登山。早上出门时，其中一个人带了一把伞，另一个人怕路滑带了一跟拐杖，而第三个人却两手空空地出了门。

这天天气有些阴，傍晚还下了一场雨。回来的时候，只见拿伞的人浑身是水，拿拐杖的人则跌得满身是泥，而什么也没拿的人却安然无恙。他们互相询问彼此的经历，拿伞的人说："当大雨来的时候，我因为手里有伞，就在雨中行走，却不知怎么淋成了这样，而我因为没有拐杖，所以走得非常仔细，便没有摔伤。"

拿拐杖的人笑了，说："我们差不多，我因为有拐杖，所以在泥泞的路上就不再小心，结果摔成这样了，而因为我没伞，只能挑能避雨的路走，相反没怎么淋着。"

什么也没拿的朋友说："这就是你们为什么拿伞的反而淋湿了，拿拐杖的反而摔跤的原因了。因为我什么也没带，所以当雨来的时候，我找个地方避雨，走到泥泞处的时候，更是小心翼翼，所以我现在很好。"

看完这个故事，我们应该想到，自身存在不足其实并不可怕，因为了解了自身的短处，我们才能根据自己的实际情况，趋利避害，修正自己的短处，让本来是缺点的地方，转化为自己的优势，让优点发挥到其应有的作用，从而更轻松地走向成功。

找到与成功者的差距

巴西联邦共和国第一位工人出身的总统卢拉，他的传奇故事正是印证了找到自身差距，改造自身缺陷，从而获得成功的典范。

卢拉小时候当过擦鞋童、做过苦工，后来成为工会领导人并步入政坛，经过20年锲而不舍的奋斗，2002年第四次参加竞选最终获得成功，他曲折漫长的从政之路是从1980年他创建巴西劳工党之后开始的。

卢拉的"仕途"非常坎坷。1982年，卢拉曾参加圣保罗州长竞选，但未能如愿。1986年，卢拉以65万票当选为巴西全国立宪议会联邦众议员。

从1988年起，卢拉开始参加竞选巴西总统。但是，由于当时他缺乏系统的领导思想，对于如何改变巴西经济、控制持续不断的通货膨胀等没有准确的认识，因此在第二轮投票中失利。

知道这一差距后，卢拉又在1994年和1998年两次参加巴西总统竞选。不过，新的变革让他没有完全跟上形势，他在第一轮投票中就败给了卡多佐。然而，由他领导的劳工党在议会和地方选举中大有斩获，成为最大的反对党。

尽管连续三次竞选总统均告失败，但卢拉并没有就此放弃。这位20多岁就投身到巴西政治运动中的劳工党领导人，深刻地反省了自己，并积极寻找自身的差距。在第一次参选失利之后不久，卢拉就在劳工党内成立了公民权利研究所，聘请全国著名学者专家讲课，为党员提供学习和研究的机会。此后，卢拉又在1993年到2001年间走遍全国，实地考察和了解社会，为竞选总统和执政积累感性知识。

为了获得2002年大选的胜利，卢拉做了许多努力。作为巴西众多穷人的希望，往日的卢拉一贯以工人的形象出现，其政见也被对手批评为过于偏激。这导致他在此前的三次总统选举中得票总是处于第二。此番再度"上阵"，卢拉已经找到了自身的差距，他先是向英国工党学习，改变以往的"激进工人领袖"的形象。为此，他雇了形象顾问，把大胡子进行了一番修整，脱掉了以前常穿的开领T恤，变为一身西装革履的打扮。

面对广场上人山人海的群众，卢拉说："我在不断改变自己，因为这个世界在不断地改变。"

不过，卢拉更重要的改变还是体现在政见方面。一些亲历卢拉几次竞选的人说，卢拉此次的改变不仅在外表上，更是其风格、主张和政策的调整。

针对选民求变但怕乱的心理，卢拉提出了"和平与爱心"的竞选口号以重塑形象、改变主张。正是这一改变赢得了人心。多数选民在前几次选举中担心卢拉可能会搞乱巴西，拒绝投票给他，而这次却相信卢拉会给巴西带来变革和稳定。

卢拉的成功，在于他每次失败后，都能认真地反思，找到与成功者的差距，认真学习与效仿，不断地改变自己的形象，无论是从外形还是从思想上，他都进行了一系列的完善、改变，甚至超越，最终登上了总统的宝座。

激励人生
每一天

每个人都有弱点，包括那些成就了伟大事业的非凡人物。他们也不是"完人"，而是活生生的、有血有肉、有弱点的人，这并不可怕，当我们认识到了这些差距，当我们有勇气面对差距，并不断缩短差距的时候，你会发现，我们离成功的距离也越来越近。

4.精心规划，长期努力

有了明确的目标，又有了认识自身不足的能力，接下来就是完善自身不足不断向目标前进的过程。在实现目标的同时，我们可能遭遇到各种无法预测的困难，此时，它需要我们不断地坚持，积极地调整战略战术，长期努力，才能实现最终的目标。

给人生定位是一个看似简单，实则非常复杂的工程。一个人的目标是否正确，影响到给自己定位的准确性。如果我们确实是从实际情况出发，精心规划未来，就应该认真而审慎地给自己的未来，做一番规划。

我们可以根据以下的三个步骤来做自我人生规划。

第一步：确定一个终生的奋斗目标

终生奋斗目标也是个人的人生目标。当然，这个终生目标并非一经确定，绝不可更改的。德国著名物理学家诺贝尔物理学奖获得者普郎克，在确定自己的终生奋斗目标时，就颇费了一番心思。童年时代，他根据自己的爱好，曾一度想当一名音乐家。后来，有人认为他不具备成为音乐家的素质，劝他另选其他目标，他虚心听取了忠告，毅然放弃了音乐，继而选择了古典文学、数学为自己的研究方向，但经过一段时间的实践后，他发觉自己对物理最感兴趣，最后才决定主攻物理，并立志成为这一领域的专家。后来，他果然在这方面获得了巨大的成功。

所以，我们在给自己确立终生目标时，可以不要求精细、精确，只要有个比较明确的方向和大致程度就可以了，确立终身目标需要慎重思考，并注意随时根据自己的实际情况，调节或修正它，而一旦最终的目标确立后，就应像在大海中航船一样，坚定地按罗盘指示的方向前进。

第二步：为自己确立一个长期的奋斗目标

长期目标是为终生目标准备的，也可说是终生目标的最重要的组成部分。有许多人，虽然确立了终生目标，但最终没有太大的成就，原因就是他们没有对自己的终生目标进行分解，没有将终生目标具体到一个个阶段的奋斗目标上，使终生目标成了纸上谈兵。

长期目标，一般可以确定在十年左右。当一个长期目标达到之后，不要满足于当前的成就，要及时再确立一个长期奋斗目标，这样就可以一环扣一环地接近终生目标。

第三步：确立中短期目标

中短期目标是对长期目标的分解，把长期目标分成多个阶段实施是非常必要的。如若不然往往会因目标太远而让人感到焦灼和失望。而分成中短期目标，每完成一个，便会产生满足感，这种满足感更能刺激人更快地完成长期目标，形成一种良性的循环。

没有中短期目标，长期目标就没有实际的意义。相反，如果只有中短期目标，而没有长期目标，人的行动就缺乏强大而持久的动力。对人生做恰当定位，一定要精心规划，这就少不了给自己确立这三个目标。当然，无论是怎样的目标，都要从自己的实际情况出发，一定要具有现实性、可行性和可操作性，这样才更有利于实现目标。只有这样，才能让自己每走一步都有动力，都有行动的方向。

 **做完人生的精心规划后，还要持续不断地努力，否则，任何目标都将没有意义**

我们可以看下面这一个故事：

古老的阿拉比王国坐落在大漠深处，风沙常年在这个地方肆虐着，使昔日富饶的城市变得满目疮痍，王国的人数日趋减少。这一天，国王将4个王子召集到一起，对他们说："我打算将国都迁往美丽而富饶的卡伦。不过卡伦离这里很远，要翻过许多崇山峻岭，要穿过草地、沼泽，还要涉过很多大河，但究竟有多远，没有人知道。我决定让你们4个分头前往探路。如果你们中有做到的，日后，他就是本国的国王。"

4个王子听后，便整理行装出发了。

大王子乘车走了10天，翻过3座大山，来到一望无际的草地，这时，他遇见了一个人，便停下来问路。那人答道："你还要过沼泽，还要过大河、雪山，然后就到了。"大王子一听还有那么远，也知道怎么走了，便打马往回走。

二王子漂过了两条大河又走进了一片无际的大漠，在茫茫的沙漠中，恐惧向他袭来，于是他立刻开始搜寻回来的路。

三王子策马穿过一片沼泽后，被一条宽阔的大江挡住了去路，望着奔涌的江水，他也掉转了马头。

一个月后，三个王子陆续回到国王身边，将各自沿路所见报告给国王，并都再三强调，他们在路上问过很多人，都告诉他们去卡伦的路很远。

又过了10天，小王子风尘仆仆地回来了，他兴奋地报告父亲——到卡伦单程只需20天的路程。

国王满意地笑了："孩子，你说得很对，其实我早就去过卡伦。"几个王子不解地望着国王——那为什么还要派我们去探路？

国王一脸郑重地说道："我告诉你们卡伦这个地方，是让你们每个人心中都有个目标，那就是到达卡伦，我考验的是你们的毅力，看你们是否有达到目标坚持努力的勇气。而小王子达到了目标，他的行动告诉你们——脚比路长。"

脚比路长就是说当我们有了目标，而又能长期努力的话，那么，就没有达不到的目标。其实，人生的过程，就是对自己进行规划，并努力完成规划的过程。能够让自己达到定位的目标，就是人生的成功。

激励人生 每一天

哲学家蒙田曾经说过："若结果是痛苦的话，我会竭力避开眼前的快乐；若结果是快乐的话，我会百般忍耐暂时的痛苦。"是的，人若想取得人生最后的成功，必须能时刻看到自己的定位目标。如果你确实明白自己努力的目标，如果你真愿意努力去做，如果你知道什么方法最有效，如果你能及时调整做法，并能好好运用自己的资源，那么人生就没有达不到的目标。

5.将人生目标放在射程内

我们会成为什么样的人，会有什么样的成就，会有什么样的地位，部分取决于你做了什么样的梦。但是，光有梦并不等于成功，还需要让理想贴近现实，也就是说，我们的人生需要给自己定个标靶，但这标靶一定要在射程之内，否则，你一辈子都无法达到目标。

目标能激发令人难以置信的能力，这是很多人都懂得的道理。但是，假如我们把目标放在连自己都感觉不到的地方，那么，这个目标就等于没有，这个目标就是虚无的。比如，我们身体羸弱，一直到20岁还没有改善，却梦想着当举重冠军，这就是不现实的梦，是难以企及的梦。而这个梦就只能停留在幻想阶段，完全没有实现的可能。

TCL总裁李东生曾经说过这样一段话："我认为一个人要想成功，

首先要有理想和追求，理想能给你带来工作的动力和兴趣，使生活充实和更有意义，要对自己有明确而合理的定位。人是不断变化和发展的，每个阶段给自己设定的目标必须切合实际及经努力可以达到，不要好高骛远。假如我一开始就定位要做TCL集团的总裁，也许就没有今天的成功，因为你的理想决定了你的心态和行动。"

从这段话中，我们可以看出，当把目标细化，把每个目标都放在射程之内，这样，就更容易接近目标，更容易实现自己的目标。有这样一个小故事，我们看后或可从中得到启发。

肯尼斯曾与书商签订合同写一本书，这是他第一次写书。书商给了肯尼斯六个月的写作时间。为了完成写作任务，他将这半年的工作日程表，都写上"写书"两个字。

六个月的时间很快就过去了，肯尼斯的书却只写了个开头，他硬着头皮去找了书商，要求再给他三个月的时间。在这三个月的时间内，肯尼斯更有紧迫感，他的工作日程表上仍然天天写有"写书"两个字，然而，三个月后书却仍然没有写出来。最后，书商无可奈何地又给了他三个月时间，不过这次要是再写不出来，那可就得撕毁合同，绝没有下一次机会了。"这可怎么办呢？"肯尼斯非常为难。

不过，肯尼斯也很幸运，他遇到了《服务于美国》一书的作者卡尔·阿尔布雷希特。他给了肯尼斯一个指点——要把每个靶子都放在射程之内。阿尔布雷希特问肯尼斯："你总共要写多少页书？"肯尼斯说："二百多页。"

阿尔布雷希特又问："你总共有多少写作时间？"

"还有三个月。"

阿尔布雷希特说："很简单，只要你在工作日程表上写上'今天写三页'就行了。"

肯尼斯依照这个方法去做，坚持每天写三页，有时候写得顺手，每天可以写上十多页。但不管是哪一天，他至少会写出两页来。就这样，在阿尔布雷希特的指导下，肯尼斯仅用了一个多月的时间就写完了这本书。

将目标分解

其实，成功与不成功之间的距离，并不像大多数人想象的那样是一道巨大的鸿沟。成功与不成功只差别在一些小小的动作上：每天花五分钟阅读；多努力一点；在适当时机的一个表示；表演上多费一点心思；多做一些研究，或仅仅是每天多思考一会儿。把目标定在射程之内，其实很容易就能达到了。

1984年，在东京国际马拉松邀请赛上，名不见经传的日本选手山田本一出人意料地夺得了世界冠军。当记者问他凭什么取胜时，他只说了"凭智慧战胜对手"这么一句话。

当时许多人都认为这个偶然跑到前面的矮个子选手是在故弄玄虚。马拉松赛是体力和耐力的运动，只要身体素质好又有耐性就有望夺冠，爆发力和速度都还在其次，说用智慧取胜确实有点勉强。

两年后，在意大利国际马拉松邀请赛上，山田本一再次夺冠。记者又请他谈经验，山田本一还是那句话："用智慧战胜对手。"许多人对此迷惑不解。

十年后，山田本一在自传中解开了这个谜，他是这么说的："每次比赛前，我都要乘车把比赛的线路仔细看一遍，并画下沿途比较醒目的标志，比如第一个标志是银行，第二个标志是红房子……这样一直画到赛程终点。比赛开始后，我以百米的速度奋力向第一个目标冲去，等到达第一个目标后，我又以同样的速度向第二个目标冲去。四十多公里的赛程，就被我分成这么几个小目标轻松完成了。最初，我并不懂这样的道理，我把目标定在四十公里外的终点线上，结果我跑到十几公里就疲惫不堪了，我被前面那段遥远的路程给吓倒了。"

激励人生
每一天

　　许多人做事之所以会半途而废，并不是因为困难大，而是因为他们给自己的定位太高太远，以至于自己都望而生畏，正是这种心理上的原因导致了失败。而把箭靶放在射程之内，既可以让自己触摸得到，又能给自己增添动力，这才是最好的定位。

第二章

好习惯胜过一切

※ 习惯影响你一生 ※

播下一个行动，收获一种习惯；播下一种习惯，收获一种性格；播下一种性格，收获一种命运。从这个渐次递变的过程中，我们可以看出习惯在我们生命中的重要地位，原来，命运的基石就是养成习惯的行为。习惯就像飞驰的列车，惯性使人无法停止地向前冲。前方有可能是天堂，也有可能是地狱，而习惯就是我们握在手里的方向盘。所以，养成好习惯，摒弃坏习惯，在我们的一生中尤为重要。

1.习惯支配人生

所谓"习惯"，就是人和动物对于某种刺激的"固定性反应"。它是普遍存在的现象，具有很强的力量。人们在生活中，就是某种思维一点一滴地循环往复，无数重复的行为和动作养成了习惯。成功学大师拿破仑·希尔如此说道："习惯是我们强有力的偶像，我们都得臣服于它。"习惯能成就一个人，也能够毁灭一个人，因为，习惯会伴随你终生，并支配你的人生。

习惯是某种刺激反复出现时，个体所做出的固定性反应，久而久之而形成的类似于条件反射的某种规律性活动。我们不一定都有天赋，但却可以拥有良好的习惯。这些良好的习惯和品质使人在机会来临之时，或大胆出击，或顺应发展的潮流，最终踏上成功之路。相反，有许多曾经非常成功的人，却因为其本身所固有或隐藏着的坏习惯在某一时段的定时爆炸，而导致了最后的失败。

大象在很小的时候就被带到了动物园，负责驯服象的管理员开始用一根粗链子拴住它，它向往着森林里无拘无束的生活，它拼命地挣扎，鲜血淋漓，依然没有挣脱被束缚的命运。

一次，又一次。大象似乎意识到了挣扎的痛楚。慢慢地，它不再挣扎；慢慢地，它已经习惯了在链子的周围行动，甚至管理员将链子换成了一条绳子，它也不会再试图挣脱。

几年过去了，动物园又新来了一头小象，依然是用那条粗粗的链子拴住了它。

一天，动物园里发生了一场大火，大象被活活烧死在拴它的柱子旁。而刚被送进来的小象，那个依然有着野性的小象却安然逃生。

是什么原因让力气大的大象被烧死，而小象却能逃生。答案就是：因为习惯。大象已经被习惯限制住了力量，放弃了逃跑的努力，它是被看不见的习惯绑住了，而小象虽然被实实在在的链子绑住，依然有逃命求生的欲望。

看看自己，再看看周围，好习惯造就了多少人生的辉煌，而坏习惯又毁掉了多少美好的生命！习惯一旦形成，就极具有稳定性。生理上的习惯左右着我们的行为方式，决定着我们过怎样的生活；心理上的习惯左右着我们的思维方式，支配着我们的人生。

人是一种习惯性动物

人与人交往的方式、与人相处的模式，甚至吃饭睡觉的样子，等等，都是多年累积慢慢形成的习惯。《论语》中有这样的话："性相近，习相远。"这句话的意思就是说，人的本性是很相近的，但由于生活习惯的不同便让个体间有了巨大的差别。

"贫穷是一种习惯，富有也是一种习惯；失败是一种习惯，成功也是一种习惯。"其实，我们的生活无时无刻不被习惯支配着。无论我们是否愿意，习惯总是无孔不入，渗透在我们生活中的方方面面。很少有人能够意识到，习惯的影响力竟如此之大。

习惯是一种长期形成的思维方式、处世态度。习惯具有很强的惯性，像车轮一样。人们往往会不自觉地服从自己的这些习惯，不论是好习惯还是坏习惯，都是如此。习惯的力量——不经意间会影响人的一生。

有专家指出，一个人的日常活动，90%已通过不断地重复某个动作，在潜意识中，转化为程序化的惯性。也就是不用思考，便自动运作。这种自动运作的力量，即习惯的力量。如果抽象地讲就是：行为变为习惯，习惯养成性格，性格决定命运。一个动作，一个行为，多次重复，就能进入人的潜意识，变成习惯性动作。人的知识积累和才能增长，极限突破等都是习惯性动作、行为不断重复的结果。

在我们的身上好习惯与坏习惯并存，我们要改变自己的命运，走向成功，最重要的在于改变不良习惯，培养和凭借好习惯的力量搏击风浪。

好习惯使人受益终身

"少小若无性，习惯成自然。"这句话的意思是说，小时候培养的品格就好像是天生就有的，长期养成的习惯就好像完全出于自然。养成一个好习惯，会使人受益终身；而形成一个坏习惯，可能会在不经意间害了自己一生。

有一个人，家里一贫如洗，他连做梦都想着有一天会富有起来。偶尔有一天，他从一本旧书上发现了一个鲜为人知的秘密。

于是，他来到大海的沙滩上，按照书中的记载，寻找一颗变金石。书上说这颗石子如果拿在手里会有一种温暖的感觉，好像是个活的东西，只要任何东西让它一碰，就会立刻变成金子。如果有了这颗变金石，他将会拥有无尽的财宝，他的人生也将从此改变。

刚开始的时候，他坐在地上，一块一块地捡起那些石头，摸一摸，然后往大海里扔去。但他始终没有发现要找的那颗石头。但他相信书中的记载。接下来的日子，他每一天都在做着这件同样的事情，直到有一天他摸到了变金石——但他并没有发觉，而是习惯性地又将它扔到大海里。当他意识到自己刚才所扔的石子有一种自己寻找了很久的感觉时，已经为时太晚。

很多人总是自认为怀才不遇，并且相信一旦有机遇走来，自己一定会抓住机会，冲天而起。但是，他们一天复一天地浑浑噩噩，机遇一个接一个地从他们身边溜走，而他们毫无觉察。他们的日常表现，也就是他们的习惯，其实就是改变自己命运的机缘——要把每一粒石子都当成变金石，并积累在自己身边。记住，当你把石子一粒粒抛向大海时，坏习惯已经注定了可悲的命运。

烦恼难断，而去除坏习气更难。坏的习惯使我们终生后患无穷。譬如一个人脾气暴躁，习惯恶语伤人，做事也就得不到帮助，成功的希望自然减少了；有的人养成吃喝嫖赌的恶习，倾家荡产、妻离子散，把幸福的人生断送在自己的手中。这些坏习惯如同麻醉药，在不知不觉中腐蚀着我们的心灵，蚕食着我们的生命，毁灭我们的幸福，怎么能够不谨慎警惕！

习惯的形成会导致良性循环与恶性循环，好习惯多了自然形成良性循环，而坏习惯多了会渐渐形成恶性循环。要想取得成功，培养好的习惯，是我们必须要做的事。

激励人生
每一天

好的习惯、积极的习惯，会造就一个人好的结局。而不好的习惯，则会让人生陷入失败的境地。因为，人就是一种习惯性动物。无论我们是否愿意，习惯总是无孔不入，渗透在我们生活中的方方面面，支配着我们的人生。

2.35岁前成功必备的八大习惯

美国著名成功学大师拿破仑·希尔这样说："好习惯能够成就一个人，坏习惯能够摧毁一个人。"这句话的含义非常深刻，它很清楚地告诉人们，习惯对一个人的重要性。当一个人具备了良好的习惯，成功也会不期而至。每个人都在期盼成功，那么我们就必须认真地培养自己良好的习惯。

（1）乐观向上的习惯

乐观向上可以说是一笔无价的财富。对于成功者而言，他们更注重把乐观自信视为无形无价的财富，这是成功者所必备的好习惯。因为，只有乐观地对待生活，才能紧紧地把握住生活。

我们都知道，成功之路是艰难的，是曲折的。没有人一生下来就有成功的本事，每个人都要靠自己的努力，在艰辛的路上拼搏。而在这条路上，挫折与打击在所难免，这就需要我们用乐观向上的习惯来一一化解。跌倒了，再爬起来，检验过去的失败，乐观地重新再来。

怎样才算养成了乐观向上的习惯呢？当你在实现目标的过程中，面对具体的工作和任务时，你的大脑里去掉了"失败"两个字，而代之以"我能行"时，就可以说你已经养成了乐观向上的习惯。

（2）自动自发的习惯

一个人成功的欲望再强烈，也会被不利于成功的习惯所阻挠，最终陷入平庸的日常生活中。要想成功，就一定要养成自动自发的工作习惯。确定你的工作习惯是否有效率，是否有利于成功，可以用这个标准来检验，即在检查自己工作的时候，你是否经常需要他人的督促才能完成。如果你应该做的事情而没有做，或做而未做完，自己却一点也不着急，并为自己找各种理由，这就需要培养自动自发的习惯。

只有你愿意去做，主动去做，你才能真正做好，那才是真正为追求成功而努力。假如凡事都需要人监督或督促，经常处在被动之中，那么成功就会与你无缘。

（3）凡事有计划的习惯

有个名叫约翰·戈达德的美国人，他在15岁的时候，就把自己一生要做的事情列了一份清单，被称作"生命清单"。在这份排列有序的清单中，列出了他所要攻克的127个具体目标。比如，探索尼罗河、攀登喜马拉雅山、读完莎士比亚的著作、写一本书等。在44年后，他以超人的毅力和非凡的勇气，在与命运的艰苦抗争中，终于按计划，一步一步地实现了106个目标，成为一名卓有成就的电影制片人、作家和演说家。

中国有句老话："吃不穷，穿不穷，没有计划就受穷。"尽量按照自己的目标，有计划地做事，这样可以提高工作效率，快速实现目标。

（4）不断学习的习惯

随着生活节奏的加快，知识的更新周期也在不断缩短。有调查显示，知识全面更新的间隔已经缩短到四年。如果你还没有养成不断学习的习惯，那么你会离成功越来越远，最终被生活的大舞台所淘汰。

哈利·杜鲁门是美国历史上著名的总统。他没有读过大学，曾经营农场，后来经营一间布店，经历过多次失败，当他最终担任政府职务时，已年过五旬。但他有一个好习惯，就是不断地阅读。多年的阅读习惯，使杜鲁门的知识非常渊博。他一卷一卷地读了《大不列颠百科全书》以及所有查理斯·狄更斯和维克多·雨果的小说。此外，他还读过莎士比亚的所有戏剧和十四行诗等。

杜鲁门的广泛阅读和由此得到的丰富知识，使他能带领美国顺利渡过第二次世界大战的艰难时期，并使这个国家很快进入战后繁荣。他懂得读书是成为一流领导人的基础。读书还使他在面对各种有争议的、棘手的问题时，能迅速做出正确的决策。

（5）坚持不懈的习惯

能够在世界上独领风骚的人，必定是有着坚持不懈的好习惯的人。这样的人无论遇到任何困难，都会将自己的计划坚持下去，在这条路上，他们也会遇到坎坷，遭遇挫折，但是他们每次都鼓励自己坚持下去，因为成功在于积累，在于坚持不懈地努力。

俗话说，不经一番寒彻骨，哪得梅花扑鼻香。在成功的路上，总是充满了各种考验，受挫和失败都是难免的。很多人就是在这种考验中败下阵来，并不是说所有的失败都孕育着成功，成功只是留给那些坚持到最后的人。

（6）谦虚的习惯

著名科学家法拉第晚年，国家准备授予他爵位，以表彰他在物理、化学方面的杰出贡献，但被他拒绝了。法拉第退休之后，仍然常去实验室做一些杂事。一天，一位年轻人来实验室做实验。他对正在扫地的法拉第说道："干这活，他们给你的钱一定不少吧？"老人笑笑，说道："再多一点，我也用不着呀。""那你叫什么名字？老头？""迈克尔·法拉第。"老人淡淡地回答道。年轻人惊呼起来："哦，天哪！您就是伟大的法拉第先生！""不"，法拉第纠正说，"我是平凡的法拉第。"

一个人没有理由不谦虚，因为没有谦虚就没有进步，更谈不上成功。

（7）自制的习惯

任何一个成功者都有着非凡的自制力。

三国时期，蜀相诸葛亮亲自率领蜀国大军北伐曹魏，魏国大将司马懿采取了闭城休战、不予理睬的态度对付诸葛亮。他认为，蜀军远道来袭，后援补给必定不足，只要拖延时日，消耗蜀军的实力，一定能抓住良机，战胜敌人。

诸葛亮深知司马懿沉默战术的利害，几次派兵到城下骂阵，企图激怒魏兵，引诱司马懿出城决战，但司马懿一直按兵不动。诸葛亮于是用激将法，派人给司马懿送来一件女人衣裳，并修书一封说："仲达不敢出战，跟妇女有什么两样。你若是个知耻的男儿，就出来和蜀军交战，若不然，你就穿上这件女人的衣服。"

"士可杀不可辱。"这封充满侮辱轻视的信，虽然激怒了司马懿，但并没使老谋深算的他改变主意，他强压怒火稳住军心，耐心等待。

相持了数日，诸葛亮不幸病逝军中，蜀军群龙无首，悄悄退兵，司马懿不战而胜。

如果司马懿不能忍耐一时之气出城应战，那么或许历史将会重写。

现代社会，人们面临的诱惑越来越多，如果人们缺乏自制力，那么就会被诱惑牵着鼻子走，偏离成功的轨道。

（8）果决行动的习惯

任何一个成功者都有果决行动的习惯。游移不决、徘徊不定注定会让你失去很多成功的机会。而成功并不等人，它只属于那些勇于追求的人。只有那些勇敢无畏，不拘泥于现状的人，才能果断地决策，并立即付诸行动，抓住良机，走在成功的路上。

激励人生每一天

成功的最好办法就是养成好习惯。因为习惯的力量是强大的，它每时每刻都在影响着我们的人生。俗话说，好习惯成就人，坏习惯摧毁人。保持成功的好习惯，你才能离成功更近一些。

3.八个习惯造就成功人生

永不言败的习惯，是人生一种坚定不移的品质；是一种改善自我、打造自我、成就自我的力量；它对一个有志于成功的人有着巨大的帮助。打造成功的人生，也是完善日常生活习惯以及做事习惯的过程，当你拥有了优良的习惯，也就拥有了成功的一生。

（1）坚强的习惯

在完成某件事时，也许会遇到意想不到的困难，这时，那些没有培养出永不放弃的信念之人，就可能想要逃跑。而坚强的人会想，阳光就在前方的不远处，如果此刻放弃就永远触不到成功的希望。所以，在我们遇到某种困难的时候，一定要学会对自己说，挺住！成功源于坚持，源于坚强的好习惯。

人的一生不可能一帆风顺，多少总会遇到一些困难和波折。世界上之所以有强弱之分，有成功与失败的人，就在于在不断接受命运挑战的时候，有些人选择了坚强面对，有些人选择了逃避。

（2）时常自我激励的习惯

正如一台性能优良的机器不能缺少动力一样，健康的心态也必须以激励做动力，才能发挥它的最大作用。永不言败需要一种精神动力，这就需要我们经常给自己加油，不时为自己鼓劲。这样才能让我们在面对困难的时候，有勇气迎难而上，有挑战生活的精神准备。遇到失败的时候，鼓励一下自己；取得一点成绩的时候，别忘了肯定自己，让自己更有信心去迎接人生的风雨。所以，一个成功的人，少不了要养成自我激励的习惯。

（3）直面失败的习惯

失败是每个人都可能遇到的事情。诚然，每个人都不愿意面对失败，但是，如果没有一次次的失败、教训，就不可能有成功的一天。所以，在现实生活中，我们必须不怕失败，而且还要挑战失败，并能在失败中学到新的东西，不断改变自己，完善自己，以达到成功的最终目标。

（4）总结经验教训的习惯

从一定意义上讲，能够永不言败就是能在失败中汲取教训，把暂时的失败当成是一段经历，一个学习的机会。有人曾经把不幸比喻成一笔财富，其实，你对失败也应采取这种态度，当你把教训看作财富，你就会在失败中学到许多平时学不到的东西。

（5）培养斗志的习惯

人生就是一个战场，而成功者无疑就是战争的胜利者。而战士不能缺少的就是勇气和斗志。什么是永不言败？所谓的永不言败就是在任何时候都不认输。有句话说，当你自己没有承认失败的时候，任何人说的失败都不是最后的结果。

（6）保持追逐成功的热情的习惯

有了追逐成功的信念和热情，就会敢于面对追逐成功中所遭受的挫折。生活中，我们或许都有这样的体会：当我们对某件事情有很强烈的热情，并愿意做这件事情时，我们往往就能做得很好。同样，当有着追逐成功的热情，我们也一样会做得很好。

（7）勇于认错的习惯

任何人都有犯错误的时候，在走向成功的路上，同样也会有走错路的时候。这时，真正聪明的人会勇于承认自己的错误，比如，他选择了一条不适合自己发展的道路，当他清楚地发现在这条路上，不能尽情地发挥自己的才能，不能实现他理想中的自己，他能敢于承认自己错了，并迅速地调整方向，重新再来，走向正确的道路。

（8）尽量避免失败的习惯

面对可能出现的失败，我们不能放之任之，因为这种失败仅仅是一种可能。所以，在可能失败之前，我们必须保证不失败，或者力求少失败。孔子曾经说："昔之善战者，先为不可胜，以待敌之可胜。不可胜在己，可胜在敌。"这句话的意思是会打仗的人，先要造成不会被敌人打败的条件，再等待可以战胜敌人的机会。所以说，避免失败的习惯，也是走向成功不可或缺的习惯。

**激励人生
每一天**

永不言败可以通过养成良好的习惯来完成，好习惯会帮助你最终拥有成功的人生。

4.伴你事业成功的九个好习惯

一个人的事业之所以成功，首先在于他做人的成功，而要做人成功，关键是要成为一个"有好习惯的人"。无论是人生的成功，还是事业的成功，成功都青睐那些有好习惯的人。所以，我们想要拥有成功的事业，首先要具备良好的习惯。

（1）敢为人先，勇于挑战的习惯

很多人都梦想成功，却不曾早早动手，总是想在各方面条件成熟或有利时才开始实施自己的"宏图伟业"，也就是说，他们是根据已拥有的条件，决定自己的行为。相反，一个真正敢为人先的人，则只考虑成功的因素，然后再设计实施的方案，即使当时的条件还很困难。所以，我们要善于在没有竞争或竞争很少的时候，赶在别人之前发现并把握机遇，当然，对困难和挑战也要做好充分准备。走在别人前头，养成敢为人先的习惯，更有利于事业的成功。

（2）目标明确，计划到位的习惯

要想事业成功，首先要有明确的目标，即我要达到什么样的状态才算是成功。知道了这一目标后，再根据目标做出计划，做出具体的实施步骤，让自己的一切行动都在计划之中，都在实现目标的路途之中。只有这样，才不会在追求事业时偏离了轨道。

（3）协调关系，善于与人合作的习惯

要想取得事业的成功，首先要学会与人协调合作。因为，任何一件成功的事业，都离不开众人的合作。如果做不好这一点，恐怕很难

成功。懂得如何将各有所长的人组合在一起，取长补短，协调合作，团结进取。道理很简单，当一群相互依赖、互为补充的人共同去完成一项事业时，效率往往是最高的。尺有所短，寸有所长，取长补短，协调合作才能最大限度实现价值。而当整个团队实现了最大利益时，无疑他们中的每个人也是成功的。

（4）利益共享，实现多赢的习惯

任何一个人的成功，都离不开与他人的协作。聪明的人要想事业成功，一定要懂得与他人一起分享利益。无论是物质利益还是名誉，都要学会与他人共享。养成这样的习惯后，就会时刻为他人着想，而这里的为他人着想，正是自己收取更多回馈的良机。

（5）时刻保持忧患意识的习惯

生活在当今这复杂的社会，我们需要培养忧患意识，正所谓"慎终如始，则无败事"。海尔集团总裁张瑞敏曾说："我现在的心情，每天就是八个字——战战兢兢，如履薄冰。"这句话的意思也就是时时保持警惕，认真地审视自己的言行，保持忧患意识，才能让人生更为辉煌。

一个人如果认为自己已达到完美，便开始走下坡路了。因为，这个时候的他骄傲自满，自然不会提防过多，而这样难免就会有疏漏之处，错误和失败也随之而来。

（6）勤于思考的习惯

平庸的人往往不是不动手脚，而是不动脑筋。相反，那些事业成功者，都养成了勤于思考的习惯；善于发现问题、解决问题，不让"问题"成为事业的难题。可以这样说，任何一个有意义的构想和计划都出自思考，而且思考越深刻，收益就会越大。

所有的计划、目标和成就，都是思考的产物。你的思考能力，是唯一能完全控制的东西。你可以以不同的方式运用思考，但无论如何运用它，它都会显示出一定的力量。没有正确的思考，是不会克服困难的，更不用说攀上事业的巅峰了。

（7）养成创造的习惯

我们在生活中可以看出，那些诗人、作家、发明家之所以比普通人优秀，是因为他们较常人更具有创造性。不论他们是否受惠于天赋的才能，总之他们做了天才的工作，收获了天才的果实，他们都有适合自己特点的独特的工作习惯。一个人要想达到目的，必须养成不断进取的敢于创新的习惯，这也是事业成功所不能缺少的。

（8）理解他人，广交良友的习惯

事业成功者必须有着良好的人际关系，而这就缺少不了理解他人，广交朋友。我们可以看到，善于抽时间保持重要的个人关系，是很多成功者的一个重要的特点。

任何人事业的成功，都离不开其他人的帮助。所以，我们不能将工作日程安排得太满，还要留出适当的时间接触自己的朋友，多关心他人，并试着替他们解决一些问题，以增进朋友间的相互信任，让他们把你当作可以真诚以待的朋友。在这个世界上，朋友多一些，绝对不会是坏事。

（9）健康生活的习惯

保持良好的身体状态，才能拥有做事业的本钱，有利于实现目标的事情就坚持做下去，遇到不利的事情就应该立即停下来，而不要坚持超负荷工作。

尽管每天会很忙，也要争取抽出时间锻炼，以保证身体健康。娱乐除了工作应酬或与家人、朋友相聚，不应过于沉迷其中。身体是革命的本钱，要想在事业上干出一番成绩，没有好身体，是万万不行的！

激励人生每一天

所谓"态度决定命运"、"思路决定出路"，做一位事业成功的人，是最富挑战性、最具刺激性、最能使个人自我价值实现的事。但是大浪淘沙，每个人都想成功，然而并不是人人都能够成功，这是什么原因呢？原来成功者自有他的诀窍，那就是他们积极塑造自我，形成了自己的良好习惯。

5.影响一生的七个坏习惯

> 每个人一生中的失败与挫折可能有许多，但你是否曾经反思过：到底是什么导致了你的失败？为什么有的人能从失败的废墟中重新站起来，走向辉煌的成功，而有的人却从此一蹶不振，前途一片黯淡？反省一下，你的身上是否一直有着一些坏习惯，不断为你打开失败的那扇门。

认识自己的坏习惯，是希望我们能正确认识自己。如果我们不摒弃身上的坏习惯，就难以取得事业的成功。所以，我们要拿出勇气，直面自己的坏习惯，并下决心戒除。那么，可能影响你一生的坏习惯有哪些呢？

（1）消极的习惯

消极是自己缺乏信心，轻视自己，认为自己不如别人的一种心理习惯。过于自卑和懦弱，就会失去自信心，就会失去行动的勇气，放弃对理想的追求，结果自然一事无成。

拿破仑曾经说过："默认自己无能，无疑是给失败创造机会。"可见，消极的坏习惯是成功人生的天敌。消极的习惯一旦养成，任何小小的挫败都将是致命的打击。逃避生活，责备自己，是消极的人最擅长的事情，失败也就必将是最后的结局。

（2）懒惰的习惯

懒惰最深层的原因来自于眼前享乐主义。有时候，人的生活目的就在于设法得到快乐。但是，有时我们必须忍受眼前的挫折和不适，最后才能得到更大的、更长久的舒适。比如，一个人想学点技术，改变自己的生活，然而，这需要至少三年的学习，所以他放弃了。结果，几年过去了，他无法得到他想要的工作，只好一直不顺心地干着他不喜欢的工作。其实，他躲避了暂时的困难，却放弃了更为长远的利益。

成功者与失败者的分别就在于：前者动手，后者动口，却又在抱怨命运的不公。其实，是命运不公吗？当然不是，拥有懒惰的坏习惯的人，那只能过平庸的生活。

（3）怨天尤人的习惯

怨天尤人几乎是失败者共同的标签。一个想要成功的人在遇到挫折时，应该冷静地对待自己所面临的问题，分析失败的原因，进而找到解决问题的突破口。

（4）依赖的习惯

依赖别人是人们普遍存在的坏习惯。依赖性是很多人不能成功的症结所在，这种习惯是把希望都寄托在别人身上，而自己不舍得出一点力气，这也是普通人和成功者的主要区别。

一个有创业勇气和才干的人，最好的谋生之路就是自己练好内功，独创大业。而依赖别人会使人失去独立自主性。依赖他人的人不能独立，缺乏创业的勇气，其主动性非常差，会陷入犹豫不决的困境，也就一直需要别人的鼓励和支持，需要借助别人的判断和扶助。这样的人终其一生也离不开别人，自己也就很难取得成功。

（5）易冲动的习惯

富兰克林说："冲动起于愚昧，而终于悔恨。"是的，易冲动的人不善于控制自己，结果经常得罪人，使自己失去与他人和谐相处的机会，进而影响到自身的发展。

有位个性急躁的女士，对牧师说："我发脾气不过只有一分钟而已，可为什么我的朋友却不能忍受我呢？为什么他们都选择了离开我？"

牧师若有所思地回答："原子弹爆炸前后也只有一分钟而已，但请想想它所造成的危害。"

冲动是一时胸中怒火的释放，其危害性非常大，这个习惯一定要改。只有冷静的头脑才能为胸中的怒火降温，而且，只有冷静下来，才能进行理智的思考。

（6）骄傲的习惯

骄傲其实是对自己缺乏信心的表现。自信与自傲，有时候只有一线之隔。大文豪王尔德曾说："人们把自己想得太伟大时，正足以显示本身的渺小。"

高傲并不是自信，而是过度自我膨胀使然。有一位哲学家说："一个人若种植信心，他会收获品德。一个人若种下骄傲的种子，他必会收到失败的果子。"其实，高傲有时候正是脆弱的表现，有时它体现的恰恰是一个人的自卑心理。

人因自谦而成长，因自满而堕落。如果取得一点成功，就沉醉于成果之中停滞不前，那他的成功也就到此结束了。要知道"成功常在辛苦日，败事多因得意时"。

（7）半途而废的习惯

成功是一条漫长的道路，只有坚持走下去，才能抵达成功的彼岸。如果你有半途而废的心态或习惯，那么到达成功的日子就会永远遥遥无期。因为，即使你付出了再多的努力，最后都会因你的放弃而归于零。

俗话说"不破不立",不改掉不良习惯,好习惯是难以建立起来的。好习惯会成就一生,坏习惯则会毁掉一生。好习惯会让你走向成功,而坏习惯则会让你的一生很难有所作为。所以,我们需要认识到自己身上的坏习惯,并积极改正。要想人生有所成就,摒弃坏习惯是我们要做的第一步,也是非常重要的一步。

第三章

磨难是人生的另一个太阳

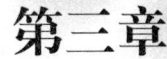

※ 将磨难当作成功的转机 ※

经历人生的磨难，就如同经过一个黑夜，迎来一轮新的朝阳，获得一个人生的新起点，磨难使人充满智慧，使人变得坚强。每个人都是自己命运的主宰，无论是在逆境还是在顺境中，人生之舵都要自己掌握。当你能以正确的态度对待磨难，积极面对，将其当作一个转机时，你会发现，穿过磨难的风雨，迎接你的是最绚丽的彩虹。

1.磨难是人生的必修课

每个人几乎都想成功，却没有人能计算出自己与成功的距离。梦想的道路上不会只有平坦，困难和艰辛总会出现，而正因为有了这些，才会让你的脚步更坚实。把每一次磨难都看成是一种锻炼的机会，看成是人生的必修课，你才能更轻松地走向成功。

生活的磨难是人生所必需的经历，当你能够认识到这一点，就不会因为遇到苦难而退缩，更不会去逃避磨难。俗话说，"苦难成就天才，天才特别热爱苦难。"说的就是这个道理，面对困难时，有的人退缩了，有的人坚持过来了。退缩的人就此沉沦，过来的人则成就事业。

有这样一个小故事：

上帝经常抽时间到他所创造的人间巡视。这一天，他又来到人间散步，一个农夫认出了他，他小心地走向上帝，对上帝说："仁慈的上帝呀！您终于来了，这几十年，我没有一天停止祷告，期盼着您的降临，这一天终于来了。"

上帝不解地说："这几十年，你都在祈祷什么呢？"

"我总是在祈求风调雨顺，祈祷今年不要有大风雨，不要下雪，不要地震，不要干旱，不要有冰雹，不要有虫害，让我的庄稼长得更好啊！"农夫虔诚地说。

上帝回答："我创造了世界，也创造了风雨，创造了干旱，也创造了蝗虫与鸟雀，我创造的是不能如人所愿的世界。这样，人们才会不断地进步和发展。这样人们才会努力地生活，难道不是吗？"

农夫跪下来说："全能的主呀！可不可以在明年允诺我的请求，只要一年时间，不要风，不要雨，不要烈日与灾害，别人的田我管不了，能不能给我例外？我想过一下风平浪静的日子，就当你对我这多年的祈祷给予的一点回报，好吗？"

上帝说："好吧！明年如你所愿，既然你这么虔诚，但是，你需要为你的祈祷负责，你懂吗？"

第二年，农夫的田地果然与众不同。别人的地里一如平常地经历风雨，而他的地里则平静如水。由于没有任何狂风骤雨、烈日和灾害，农夫田地里的麦穗比平常多了几倍，农夫暗喜不已，急切地等待收成的那一天。他为自己的幸运而感到无比快乐！

到了收获的时候，农夫奇怪地发现他田地里的麦穗竟然没有结出一粒麦子。

农夫找到上帝，伤心地问道："仁慈的上帝，您是不是搞错了？为什么我的麦穗里居然没有麦粒？"

上帝说："没有错，我说过你要对你的祈祷负责的。你知道，一旦避开了自然的磨砺，麦穗里也就长不出麦粒了。对于每一粒麦子，风雨是必要的，烈日是必要的，蝗虫也是必要的，它们可以唤醒麦子内在的灵魂。人的灵魂也和麦子一样，如果没有任何磨砺，人也只是一个躯壳而已。"

每个人都要经过磨难才能走向成熟

"天将降大任于斯人也，必先苦其心志，劳其筋骨，饿其体肤，空乏其身，行拂乱其所为，所以动心忍性，增益其所不能。"可见，要想取得成功，则必须经历磨砺。让我们把苦难不再当作苦难，而把它当作上帝的偏爱。这个偏爱也就是上帝让你给自己准确定位的机会。你之所以能成就伟大的事业，是因为上帝赐予你的超乎寻常的苦难。

人生之路，难免有曲折坎坷。而成功正是由无数的艰难构成的，正如美国通用电气公司创始人沃特所说："通向成功的路即把你失败的次数增加一倍。"但失败毕竟是一种"负刺激"，总会使人产生不愉快、沮丧、自卑。那么，如何面对，如何自我解脱，就成为能否战胜自卑、走向自信的关键。

要使自己不经常成为"失败者"，就要善于挖掘、利用自身的"资源"。虽然有时个体不能改变"环境"的"安排"，但谁也无法剥夺其作为"自我主人"的权利。应该说当今社会已大大增加了这方面的发展机遇，只要敢于尝试、勇于拼搏，一定会有所作为的。屈原放逐乃赋《离骚》，司马迁受宫刑乃成《史记》，他们就是因为敢于接受磨砺，挑战磨砺，才挣脱了困境的束缚。

磨难是人生必须经受的考验

一位泰国企业家玩腻了股票，转而搞房地产，他把自己所有的积蓄和从银行贷到的大笔资金全投了进去，在曼谷市郊盖了15幢配有高尔夫球场的豪华别墅。但时运不济，他的别墅刚刚盖好，亚洲金融风暴出现了，他的别墅卖不出去，贷款还不起，这位企业家只能眼睁睁地看着别墅被银行没收，连自己住的房子也被拿去抵押，还欠了相当大一笔债务。

这位企业家的情绪一时低落到了极点，他怎么也没想到做生意一向一帆风顺的自己会陷入这种困境。可是，光后悔有什么用呢？日子还要过下去。于是，他将这次失败当成了一次命运对自己的考验，决心再从头开始新的生活。

没有钱做生意很艰难，但这并没有使他气馁，他决定从小事做起。他的太太是做三明治的能手，于是，他决定到街上叫卖三明治。从此曼谷的街头就多了一个头戴小白帽、胸前挂着售货箱的小贩。

昔日亿万富翁沿街卖三明治的消息不胫而走，买三明治的人骤然增多，有的顾客出于好奇，有的出于同情。许多人吃了这位企业家的三明治后，被这种三明治的独特口味所吸引，经常买企业家的三明治，回头客不断增多。现在这位泰国企业家的三明治生意越做越大，他也慢慢地走出了人生的低谷。

他就是泰国《民族报》曾经评选的"泰国十大杰出企业家"中的施

利华。生活最后成就了施利华，它淘汰了一个房地产经理，却成就了一个三明治老板，让施利华重新收获了成功的喜悦。作为一个创造过非凡业绩的企业家，他在遭受到挫折的时候，也未曾放弃过，而是将其看作人生必须经受的考验，从而穿过失败的围墙，重新走向了辉煌。

人的一生，都会碰上许多挡路的石头，比如灾祸、疾病等，它们的出现并不以你的意志为转移；而有些却是自己放的，比如名誉、面子、地位、身份等，它们完全取决于一个人的心性。当你将苦难当作人生的财富，而不仅仅是失败的结果，你才能走出苦难的泥沼。

激励人生每一天

上帝为你关闭这扇门的同时，也为你打开了另一扇窗。所以，我们无须为经历的苦难、痛苦而迷惘，而是应该总结教训，穿越痛苦，去打开生活的另一扇窗。这样，我们才能以平常心体味生活的苦涩，并从中汲取经验教训，重整旗鼓，再创人生的美好前景。

2.只有经历了风雨，才能见到人生的彩虹

"宝剑锋从磨砺出，梅花香自苦寒来"，这句话道出了万千成功者的感慨。世界上没有通往成功的捷径，每一个人的成功都是无数血汗和精力的凝聚。没有经历过人生风雨的人，就像刚出巢穴的小鸟，面对广阔的天空，虽有翅膀却不能翱翔。而只有历经人生的风雨，才能见到最灿烂的彩虹。

每一个和尚刚入空门时，几乎都要从最辛苦的行脚僧开始磨炼，鉴真和尚也是如此，每天行走化缘就是他的工作和任务。日复一日，这种

枯燥艰辛的事情，任谁都会产生乏味的心理。

这一天，已经日上三竿了，鉴真和尚仍未起床，他太累了，一年三百六十五日的奔波，他想自己可以偷懒一天吧！可是，住持没有看见鉴真出去，立刻就去了他房里探询，住持推开门后，看见鉴真和尚正摆弄那些堆了半屋的破草鞋，住持问鉴真："你生病了吗？今天怎么没有出去化缘？还是有什么事？你在这摆弄这些破草鞋做什么？"

鉴真和尚不好意思地笑了，说："我没什么事，也没有生病，今天我拿着这些鞋看一下，这种草鞋是别人一年都穿不破的，而我只剃度了一年多，却穿坏了这么多双，今天，我想为寺庙里节省一双。"

住持听后，拍了拍鉴真的头说："既然你今天不想出去化缘了，那么你就和我到后山上走一走吧！昨夜刚下过雨，空气很清新呢！"

两人来到后山的时候，路已经被寺僧们踩得泥泞不堪了。他们边走边谈心，住持问他："你是想当一个普普通通的和尚，还是想当一名弘扬佛法的高僧？"

鉴真和尚回答："我出家本来是为了弘扬佛法！"

住持又问："昨天，你也走过这条路吧？你现在能找到你昨天的脚印吗？"

鉴真答："住持，您真爱开玩笑，昨天我走的时候，又没下雨，路上平坦而光滑，今天又被雨水一淋，我怎么可能找到自己的脚印呢？"

住持又笑了笑，说："那我们今天走过的脚印，你能找到吗？"

鉴真说："当然能了，这可难不倒我，因为今天路上的泥泞可是写着我们的脚印呢！"

住持满怀深意地说："这就对了，只有从泥泞的艰辛与磨砺中走出来，你才能找到自己的脚印，你现在是个行脚僧，可能会觉得这个差事单调而乏味，但总有一天你会明白，所有的磨砺都是有价值的。"

人生在世免不了要遭受风雨，谁也不会一帆风顺就走向成功。有些人面对风雨的考验，放弃了自己的追求；有些人面对风雨，则大步前行，永不屈服，最终见到了绚丽的彩虹。所以，是成功还是失败，就在于面对风雨的不同态度。

成功只属于勇于面对风雨，敢于向命运挑战的人

作为一个现代人，应具有迎接风雨的心理准备。世界充满了成功的机遇，也充满了失败的可能性，所以我们要不断提高自我应付困境的能力，调整自己，增强社会适应力，坚信风雨过后会有彩虹。

世界超级小提琴家帕格尼尼4岁时患上了一场麻疹和强直昏厥症，已经被装入棺材，后又活了过来。7岁又险些死于猩红热。13岁患上严重肺炎，不得不大量放血治疗。40岁牙床突然长满脓疮，只好拔掉几乎所有牙齿。牙病刚愈，又染上了可怕的眼疾，幼小的儿子成了他手中的拐杖。50岁后，关节炎、肠道炎、喉结核等多种疾病吞噬着他的肌体。后来声带也坏了，靠儿子按口型翻译他的思想。

比起这样的一生，我们的遭遇恐怕要比他幸运多了。但是，我们有几个人取得了他那么伟大的成就呢？帕格尼尼3岁学琴，12岁就举办首次音乐会，并一举成功，轰动音乐界。之后他的琴声遍及法、意、奥、德、英、捷等国。他的演奏，使帕尔马首席提琴家罗拉惊异得从病榻上跳下来，木然而立，无颜收他为徒。他的琴声使卢卡观众欣喜若狂，宣布他为共和国首席小提琴家。歌德评价他"在琴弦上展现了火一样的灵魂"。李斯特大喊："天啊，在这四根琴弦中饱含着多少苦难、痛苦和受到残害的生灵啊！"

是的，他的一生遭受了太多的苦难，但这些并没有打倒他，而是更坚定了他成功的信念。他不断向着人生的风雨挑战，不断超越自我，最终成了著名的音乐家。

在我们的生活中，成功绝不是坦途，而是一条崎岖之路。也许你已经获得某种程度上的成功，而命运之神再次跟你开玩笑，你又跌到比成功之前更深的山谷深渊。而此时，你永远不知道命运将用它的哪副面孔对准你，但只要坚持下去，好运总有一天会到来。人生的磨砺是一笔宝贵的财富，也是使人生走向成熟的必需养料。正如哲人所说："人们在绝境中不能选择生死，但可以选择面对它的态度。这正是大写的人的力量，超越外在命运的力量。"

没有巨石的阻碍，水流就激不出浪花；没有艰难困苦的磨炼，生命也激发不出耀眼的光辉；没有失落的辛酸苦辣，人们就不知道收获的甜美。人生的一切都是相伴而生、相对存在的！如果回避人生的风雨，也就无法体验生命的真正意义，更看不到彩虹的绚丽。

3.面对磨难的四个正确方法

磨难是人生的一道门槛，跨过去便是无限风光。没有人一生一帆风顺，任何人都会随时碰上磨难。经历一次磨难，就是经历一次洗涤，就是一次登高。是磨难使人懂得了生命之不易，从而对每一分收获都弥足珍惜；是磨难使人懂得了人生之艰辛，从而坚定执着、刻苦勤奋；是磨难使人明白了，每个希望成功的人都应学会面对磨难。

人生从来都不是一帆风顺的，生活中充满着艰辛，事业的征途中也布满了荆棘。在追求成功的过程中，我们要经历很多磨难，克服数不清的艰难险阻，才能到达成功的彼岸。可以说，每个人的人生都少不了磨砺，那么，我们该用怎样的心态面对磨难呢？

（1）在磨难面前保持乐观的情绪

其实，磨难本身并不可怕，但害怕磨难的心态却非常可怕。如果被磨难压倒了，情绪低落，信心顿失，只是一味地唉声叹气，怨天尤人，那么你就会生活在可怕的阴影里，再也没有向前的勇气了。

在磨难面前保持乐观，始终坚信道路是曲折的，但前途是无限光明的。以乐观、开朗的心态面对磨难，跌倒了，再爬起，抖掉身上的尘土，继续向前，还有什么事是做不成呢？

物理学家富兰克林在用火鸡做电流的实验时，不小心让电流接触到了自己，立即昏迷了过去。醒来后，富兰克林说："好家伙，我本想弄死一只火鸡，结果却差点电死一个傻瓜。"

为了做实验而差点丢掉性命，这对一般人来讲是非常恐怖的，但富兰克林却还能用自嘲的口气，轻松地一笑。似乎"差点电死"的不是他本人，而是另一个毫不相干的"傻瓜"，他把自己的不良情绪转移了，选择了乐观地面对。

富兰克林的伟大之处就在于，他没有惧怕危险，当危险降临他还能够轻松应对，让人不禁为之感叹。如果他惧怕危险因此而退缩，那么就不会有日后巨大的成就。

任何时候都乐观开朗，信心百倍，我们身上就具备了强者的素质与魅力。

（2）在磨难中总结经验

30年前，杰米是一个破产的电动机厂经理，在法院通知他上法庭听候破产判决的那天，太太与他离婚了……但是，杰米并没有被失败击倒。昨天银行还向他微笑，今天就从他手上冷冰冰地拿走了房子；昨天还向自己微笑的员工，今天就都拿了破产保证金走了；昨天还是自己的汽车，今天就上了拍卖会；昨天还和自己一块同床共枕的女人，今天却天各一方……

面对残酷的打击，杰米选择了拾荒这条路！每天背一大袋的空可乐瓶去卖，并且每天都要总结他一天的成功之处，分析这天的失败之处，久而久之就养成了一个很好的工作习惯，而且一直保持到现在！

今天的杰米已成为一名工业巨子、某集团公司的一号人物。令人惊奇的是，他起步所用的资金就是由他拾荒换回的，今天他已成为世界级的富翁。

（3）增强对磨难的耐受力

磨难是指人们的主观理想在付诸行动的过程中，遇到的意想不到的障碍和阻力。磨难在某种程度上来讲是客观存在的。古往今来许多成就大业的人，都是从逆境和坎坷中走过来的。同样，人类的文明，也是在不断克服磨难中获得进步。

既然磨难是一种客观存在，就一定有克服的方法。只要我们具有耐受能力，能顽强地战胜磨难，我们就离成功不远了。我们要学会做生活中的强者，因为在强者面前，磨难不是困难，不是苦难，更不是灾难，而是一种挑战，一种强者乐意迎接的具有深远意义的搏击。

（4）面对磨难，最可贵的品质就是坚持下去

一次又一次的挫折，一次又一次的努力宣告无效，难道成功真与我们隔着万水千山？在追求的道路上，类似这样的疑问，常令我们痛苦不已。有些人放弃了，有些人坚持着，结果往往是坚持的人获得了成功。

坚持到底，就是胜利，这是一种无坚不摧的执着，这是一种不达目的誓不罢休的坚强信念。跨过失败，就是成功，经历了风雨，就能迎来绚丽的彩虹。所以，我们应该坚强地接受每一次磨砺，因为每一次磨砺我们都会有意外的收获，正是这些收获使我们更有信心地迎接下一个挑战。

激励人生 每一天

在追求成功的过程中，我们都要经历不同类型的磨难，遭遇各式各样的挫折，这是十分正常的，谁都无法绕过它。不害怕磨难，以顽强的意志面对挫折，以必胜的信念坚持向前，就一定会迎来胜利的曙光。

4.把磨难当作成功的转机

　　每个人都会面临磨难,但是每一个人对待磨难的态度却是不一样的,或怨天尤人,或自暴自弃,或一蹶不振,等等。怎么样面对磨难才能走出困境,重新获得成功呢?那就是,把磨难当作成功的转机,你会发现,成功其实离磨难的距离很近。

　　史学家司马迁对于磨难看得十分透彻,他说:"文王拘而演《周易》;仲尼厄而作《春秋》;屈原放逐,乃赋《离骚》;左丘失明,厥有《国语》;孙子膑脚,《兵法》修列;不韦迁蜀,世传《吕览》;韩非囚秦,《说难》、《孤愤》;诗三百篇,大抵贤圣发愤之所为作也。"也就是说,磨难对于强者来讲,并不是厄运,而是人生的转机,正是因为有了磨砺,才让这些人的生命更加精彩缤纷。

　　很多时候,生活的磨难并不是致命的,它也不是长久存在的。"塞翁失马焉知非福",好事变坏事、坏事变好事的情况是经常发生的。有时候,磨难甚至是一种幸运,是一种难得的契机,因为它将逼得你不得不选择去走另一条路,而当你一旦踏上了另一条新路,成功可能就在向你招手了。

　　一位烦恼的母亲来找卡耐基,说她正为孩子的功课烦恼。

　　卡耐基说:"孩子的功课应该由他自己烦恼才对呀,你为什么这么忧虑?"

　　这位母亲说:"卡耐基先生,我的孩子考试考第50名,您不知道,他们班上只有50个学生。"

　　卡耐基开玩笑地说:"如果我是你,我一定会很高兴的!因为从今天开始,你的孩子不会再退步了,他绝对不会落到第51名呀!"

这位夫人被卡耐基的幽默逗笑了。

卡耐基继续说："这就好像爬山一样，你的孩子现在是处在山谷底部的人，唯一的路就是往上走，只要你停止烦恼，鼓励他，陪他一起走，他一定会走出来。"

是的，山谷的最低点正是登山的起点，许多走进山谷的人之所以走不出来，是因为他们选择在山谷徘徊。而当你将其当作转机，你的每一步都使你离山顶越来越近。西班牙著名作家加尔多斯说："好运不会在你等候的那个地方降临，而是在你经过弯弯曲曲困难得难以想象的道路上降临。"其实，我们的生活也是一样的。当最坏的事情都经历过以后，生活只能变得越来越好了。

我们应该相信，磨难过后一定有转机

李·艾柯卡已经在福特公司工作了32年，当了8年的总经理，应该说还算有所成就。他对自己的成绩也很满足，并想在这个公司一直做到退休。然而，他没有想到，有一天，亨利·福特二世会把他赶下福特公司总经理的宝座。

昨天他还是英雄，今天却成了失败者，许多过去公司里的朋友都开始远离他，见了他唯恐避之不及。而他此前没有在其他任何地方工作过，突然的失业使他面临着另谋出路的痛苦选择。这是他有生以来所经历的最大挫败和打击。

但是，艾柯卡并没有被打倒，他坚信："艰苦的日子一旦来临，除了做个深呼吸、咬紧牙关、尽其所能外，别无选择。"也许，闯过了这一难关，自己便能有新的成就。不久，他接受了一个新的挑战，应聘为濒临破产的克莱斯勒汽车公司的总经理。

当时，克莱斯勒公司已是负债累累，奄奄一息。但艾柯卡凭着出色的才干、智慧、胆识和魄力，以及多年积累的经营管理经验，对这家公司进行了大刀阔斧的改革、整顿，使之迅速起死回生，重振雄风，跻身于美国第三大汽车公司之列。1983年8月15日，艾柯卡把面值高达8亿多美元的支票交到了银行代表的手里，还清了克莱斯勒公司的所有债务。而恰恰是5年前的这一天，福特二世开除了他。

艾柯卡成了美国最著名的企业家之一，他在1985年出版的自传，发行量高达150万册，成为有史以来美国非小说类书籍中最畅销的一本书。艾柯卡的座右铭是："奋力向前。即使时运不济，也永不绝望，哪怕天崩地裂。"正是这种不服输的精神，让他迅速走出了人生的低谷。

对于每个人来说，挫折和失败都不是人生的末日，而恰恰是改变命运、获得更大成功的好机会。不破不立，如果不碰到挫折和失败，我们就不舍得放弃，也不会去做出新的、更好的选择。很多时候，我们处在什么地方、什么高度并不重要，最重要的是我们怎么辨别方向，确定下一步该往哪里走！

有时在事业上遭受一次严重的打击，并不见得是坏事，关键看你怎么看待和对待它！假使没有被辞退的磨难，艾柯卡先生可能也会尽职尽责地工作，力求上进，但即使他能如愿以偿，结局也不过是安然退休而已。可是他在被辞退后，却取得了更大的成就。可见，事业上的打击也不一定全是坏事。

激励人生每一天

磨难是一种财富，尽管我们谁也不希望经常拥有这笔财富，但经历磨难时，我们要懂得如何利用这笔属于自己的财富，去创造更大的成功。当困难与挫折来临时，不必退缩，更不必惧怕，当我们将人生的磨难当成转机，当成一次机会，你将更有信心摆脱生活的困境。

5.在困难中学会坚持

困难是无穷的，它具有种种形式。如灾难、疾病、他人的恶意等无数不可预知的事件，它是对生命个体的考验，也是人生中不可避免的遭遇。在面对困难时必须学会坚持，如果轻易放弃和退缩，就将一事无成。以前所付出的一切努力，都将化归乌有。

巴尔扎克曾经说过："苦难对于天才是一块垫脚石，对于能干的人是一笔财富，而对于庸人却是一个万丈深渊。"那么，天才、能干的人与庸人之间的区别是什么呢？那就是坚持！我们只有坚持不懈地面对困难，挑战困难，才能品尝到成功的滋味。

索尼公司推出了高质量的索尼彩电，在日本市场上卖得十分火爆，但奇怪的是，在美国市场却无人理会。公司的国外部部长迫不得已，只得降价处理，但越是降价，索尼彩电的市场形象就越差，更加得不到消费者的青睐。

后来卯木肇被聘请到公司，担任了国外部的新部长。他决定通过自己的努力来改变这一现状。来到美国后，他发现索尼彩电都摆放在廉价出售的旧商品小店里，无人问津。通过反复调查，他终于弄明白了事情的原因：在美国有成千上万个电器销售商，索尼公司竟没有和他们中的任何一个取得联系，自然打不开销路。

他了解到芝加哥最大的电器销售商是马西里尔公司，于是决定从这里打开突破口。但他一连去了三次，都没见到经理的面。怎么办？退缩绝不是最好的办法，在这样的关口，他只能选择坚持。

于是，冷静下来的他分析了经理不愿见他的原因，可能是索尼彩电的形象太差，于是，他立刻将小店里的降价彩电收回，又去见了经理。这次，经理又提出了新的责难，以"售后服务太差"为借口，断然拒绝销售。

他接受了经理的意见，又着手筹建特约维修部，并刊登广告，保证公司的维修人员随叫随到。于是又去见了经理，谁知当他见到经理，却又被泼了一瓢凉水。经理傲慢地说"你们的彩电没有知名度"，仍旧把索尼彩电拒之门外。面对接连的打击，他还是选择继续坚持。

他想了又想，然后下令公司的部下每人每天至少给他们打三次电话，反复要求向对方购买索尼彩电。马西里尔公司的职员不知就里，就把索尼彩电列为"待交货名单"上报经理。经理看了，当即明白是怎么回事，顿时火冒三丈，把卯木肇叫来，当面严词责问。

卯木肇也不客气，当即把索尼彩电的优点一五一十地讲了一遍，说得经理无言以对。经理有意提出很苛刻的条件，想把他吓退，但他毫不示弱，据理力争，坚持自己的看法。最后经理只好松了口，答应为他们代销两台试试，如果一个星期内销售不出去就不再谈合作。

卯木肇立刻选派两个能说会道的推销员，将两台彩电送到马西里尔公司，并要求他们务必与马西里尔公司的店员一起推销，只许成功，不许失败，一定要把这两台彩电销售出去。

结果当天两台彩电就全部卖出去了。马西里尔公司经理也很高兴，立刻又叫他们送了货，索尼彩电很快占据了美国市场，并进而横扫全世界，成为彩电市场上的王牌。

在这个故事里，卯木肇将每次的责难都当成是一次磨砺，不断地坚持着，最终让对方接受了他。其实，在人生中也是一样的。磨砺的经验是非常可贵的，冷静地进行总结，就能从中发现自己的不足之处，找到自己以往的过失，从而在今后的实践中，努力避免失误，努力克服缺点，以坚韧不拔的毅力，最终登上成功的殿堂。

人生中最艰难困苦的时刻，也是最接近成功的时候

人生中最艰难困苦的时刻，是最令人难以忍受的，但它也是最接近

成功的时候。只要你能学会坚持，不断总结失败的教训，成功很快就会到来。正如伟大的科学家诺贝尔所说："坚韧不拔的勇气，是实现目标的过程中所不可缺少的条件。"

诺贝尔最初研制炸药时，他所创建的硝化甘油的实验工厂曾被炸为灰烬。当时，有5个人被炸死，一个是他正在上大学的弟弟，另外4个是他的亲密助手。

当诺贝尔的母亲得知了儿子惨死的噩耗以后，悲痛欲绝；年老的父亲因太受刺激引发脑溢血，从此半身瘫痪。人们纷纷像躲避瘟疫一样躲着诺贝尔，再也没有人愿意出租土地给他进行如此危险的实验。

可是，在巨大的失败和痛苦面前，诺贝尔没有退缩。就在爆炸惨案发生几天后，人们就发现在远离市区的马拉仑湖上，出现了一只巨大的船，船上并没有什么货物，而是摆满了各种实验设备。原来，大难不死的诺贝尔在被当地居民赶出来后，跑到这里来继续他的实验工作了。

终于，诺贝尔经过反复实验后获得了巨大的成功。他发明了雷管，这是科学史上的一个重大突破。不久，他又在德国汉堡等地建立了炸药公司。

一时间，诺贝尔生产的炸药成了抢手货，源源不断的订单从世界各地纷至沓来，他的财富也与日俱增。不过，诺贝尔此时仍然没有摆脱挫折的困扰：在巴拿马，一艘满载硝化甘油的轮船在航行途中，因颠簸引起爆炸，整个轮船葬身大海；在德国，一家著名的工厂因意外被炸成废墟；在旧金山，运载炸药的一列火车因震荡而发生爆炸……

不幸的消息频频传来，灾难和困境接踵而至。但是，这一切并没有吓倒诺贝尔，也没有使他踌躇不前。凭着坚韧不拔的毅力，他继续前行，赢得了巨大的成功。他一生共获得了355项发明专利，并将所获得的巨额财富用来创设了流芳后世的诺贝尔奖。

每一个成功的人都知道，取得成功并不是一个简单的过程，它需要你用无比坚强的意志，不断地挑战人生，坚持到底，才能采摘到胜利的果实。就像诺贝尔一样，如果他不是一直坚持，不畏艰辛地走下去，他能取得人生巨大的成就吗？

激励人生 每一天

　　只要信念不灭，任何艰难险阻都可超越。在困境中如果你认为自己真的失败了，那么你就会就此停滞不前，如果你对自己说"一定要坚持"，那么，你就能走过险途，走向平坦的人生。

第四章

激励是人生的一盏明灯

※ 激励让你发挥出最大的能量 ※

　　激励可以激发人的能力，使其内心渴求成功，朝着期望的目标不断努力；使其树立远大的目标，激发出难以想象的潜能，在人生的道路上披荆斩棘，一往无前。正确地认识生命的潜能，并通过自我激励的方法激发出潜能，发挥最大的能量，我们可以做出更大的成绩。

1.激励是盏明灯，再灰暗的人生也能照亮

一位成功学家曾经说过："你自信能够成功，成功的可能性就大为增加。如果你心里认定会失败，就永远不会成功。没有自信，不懂得激励自己，你就会俯仰由人，一事无成。"要想成功，就需要我们时常激励自己，让自己充满自信，照亮人生的道路。

有这样一个故事：

心理学家从一个公司找出一个平日寡言少语、最不招人喜爱的姑娘小王，并要求她的同事们改变以往对她的看法，他还对小王进行了一番心理指导，让她在平时多激励自己。

为了配合心理学家的实验，公司的人极尽可能地鼓励她，夸奖她，她的一个同事更是每天从她身上找到一个优点，比如，你今天的衣服真漂亮；你做的这个方案真棒，等等。小王也遵照着心理学家的指导，时常鼓励自己，并从自己身上发现优点。慢慢地，小王开朗了起来，脸上也时常挂着微笑，话也多了起来，和同事们的关系也融洽了许多，连她的举止也同以前判若两人。

小王愉快地对人们说，她获得了新生。确实，她并没有变成另一个人——然而在她的身上却展现出了本来蕴藏的美，这种美受到激励，才得以散发出来。

一位美容医生悟到这样一个道理：美与丑，并不仅仅在于一个人的本来面貌如何，还在于他是如何看待自己的。一个自惭形秽的人，不会成为一个美人；一个觉得自己不聪明的人，永远成不了智者；不觉得自己心地善良——即使在心底隐隐地有此种感觉，那他也就成不了善良的人。从这段话中，我们可以认识到一个潜藏的道理：如果你希望成为什

么样的人，首先要激励自己去变成什么样的人。因为激励就像盏明灯，它能照亮前方的路，让你更为积极而自信地向前走去。

古往今来，不知有多少人通过激励，点亮了生命的灯，创造了伟大的业绩

居里夫人曾说过："生活对于任何一个男女都非易事，人们必须要有坚韧不拔的精神，最要紧的，就是要懂得激励自己。大家必须相信，对一件事情具有天赋的才能，并且无论付出任何代价，都要把这件事情完成。当事情结束的时候，你要能够问心无愧地说：'我已经尽我所能了。'"

大音乐家华格纳遭受同时代人的批评攻击，但他对自己的作品有信心，他时常激励自己，自己的创作是最好的，结果他终于征服了世人的耳朵。

19世纪的英国诗人济慈幼年就成为孤儿，一生贫困，备受文艺批评家抨击，恋爱失败，身染重病，26岁即去世。济慈一生虽然潦倒不堪，却不受环境的支配。他在少年时代读到斯宾塞的《仙后》之后，就激励自己一定要成为诗人。他曾对自己说："我想，我死后可以跻身于英国诗人之列。"济慈一生致力于这个最大的目标，不断激励与鞭策自己，虽然他去世很早，但这并没有妨碍他成为一位名垂千古的诗人。

拿破仑·希尔指出："凡事往积极的方面思考，相信自己，激励自己，你总会看到成功的曙光。"对这句话，约翰也深有感触。

有一天晚上，约翰独自漫步于波士顿考伯利广场，此时已是夜深人静，广场的四周围绕着美国自建国以来的各式建筑，他不由得端详起来。就在此时，他发现一个人摇摇晃晃地朝他走来。那人似乎流浪街头已有多日，浑身都是酒气，愁容满面。

约翰猜想他一定会走过来乞讨几文钱。果不其然，那人走向约翰开口道："先生，能否给我一文钱呢？"起先约翰有点犹豫，后来还是动了恻隐之心。一文钱实在是微不足道，但约翰觉得至少可以给他一个

指点。"一文钱？你就只要一文钱吗？"那人忙不迭地说，"就一文钱。"约翰把手伸到裤袋里，掏了一文钱给他，同时说："人生能得多少，就看你对自己的期望有多少，你应该激励自己更有勇气，至少你能得到得更多。"那人听了为之一震，然后转身离去。

望着他走远的背景，约翰十分感叹，为何成功的人和失败的人有如此悬殊的差异？约翰和他都是人，为何约翰的人生充满了喜悦，事事都那么顺利；而他，一位六十开外的老人，却得露宿街头，靠乞讨为生。当年约翰也曾与那人一样落魄，只不过没喝那么多酒和流浪街头，但今天约翰却像变了个人似的。难道说这是上帝特别恩待约翰，还是因为约翰愿意去帮助别人呢？也许两者都没有。

约翰与那人之所以不同，答案就在于约翰对那人说的话：生活会给予你想要的一切，如果你连激励自己得到的愿望都没有，那么，你能得到什么呢？

人生的进取需要自信，而自信源于自我的激励，所以，我们要时常鼓励自己。前世界拳击冠军乔·弗列勒每战必胜的秘诀是：参加比赛的前一天，总要在天花板上贴上自己的座右铭——"我能赢！"结果，他每次都能取得好的成绩。

激励人生每一天

每个人都会遭遇相同的人生挑战，但各人境遇会有不同，关键在于如何去面对那些挑战。勇者，成就辉煌；而弱者则会碌碌无为、黯然失色。如果你知道如何控制自己的心态和行为，懂得激励自己，那么，你就会成为生活的勇者。因为，激励是一种神奇的力量，它能感动顽石；激励是一盏明灯，它能照亮心灵。

2.认识生命的潜能

　　激励自己，首先我们要懂得生命的潜能。科学告诉我们，人的潜能犹如一座等待开发的金矿，价值无比。我们每个人都有一座潜在的金矿，蕴藏着巨大的能量。关键是我们能否认识到，并认真地挖掘和利用它。

　　一个农民正在劳动，他11岁的儿子爬上了停在路旁的拖拉机，可能是触动了刹车，拖拉机迅速滑向路旁的沟里，孩子被压在车下。情况非常危急！农民发现儿子有生命危险，便不顾一切地跑到出事地点，毫不犹豫地跳进水沟，双手伸到车下，不知他哪来的力气，竟然把拖拉机托起了一点，让另一位跑过来援助的人，把他的孩子从拖拉机下面拽了出来。孩子得救了。

　　这位农民是一个很平常的人，身高只有160厘米，体重50公斤，应该没有这么大的力气。事后，农民觉得非常奇怪，出于好奇，他又试了一回，结果根本就抬不动那辆1000多公斤的拖拉机。

　　这个农民救儿子的故事，说明了一个人在紧急的情况下，在特定的环境里，能把潜能发挥到惊人的程度。

　　1954年以前，人们都知道用4分钟的时间跑完一英里是不可能的，生理学家也证明人类的体力无法达到这个极限。但是谁也没有想到，罗杰·贝尼斯特却在1954年打破了这项纪录。在这之后，不到两年时间，又有10位运动员打破了这项纪录。

潜能在不断地创造新的奇迹，创造新的世界

回顾一下人类的过去，便知当今人类的文明历史就是一部人类的潜能开发史。当今人类政治、经济、文化科技的高度发达，都证明了这一点。从原始部落到国家；从牛车、马车到火车、飞机；从山洞、茅草屋到摩天大厦；从原始歌舞到现代音乐、电影、电视、互联网；从地球开发到地球村的设计，所有这些都是人类开发潜能的结果，并由此证明人类潜能无穷无尽。从这里我们可以看出，正是有人不断地挖掘并利用潜能，才让许多看似不可能的事成为了可能。也可以这样说：潜能创造了今天的人类，创造了现代社会，创造了现代文明。

斯蒂文的身体原本很健康，他赴越南打仗，被流弹打伤了背部的下半截，被送回美国治疗，经过治疗他虽然捡回了条命，但医生已断定他没法行走了。

因为不能行走，所以他心情沮丧，有时就借酒消愁。有一天，他从酒馆出来，遇到了三个劫匪抢他的钱包，他拼命呐喊、拼命反抗，却触怒了劫匪，他们竟然放火烧他的轮椅，轮椅突然着火，斯蒂文情急之下忘记了自己的双腿不能行走，他拼命逃走，求生的欲望竟然使他一口气跑了一条街。事后，斯蒂文说，如果当时我不逃走，就必然被烧伤，甚至被烧死。我忘了一切，一跃而起，拼命逃走。以致停下脚步，才发现自己会走动。如今他已在纽约找到一份工作，他也能够与正常人一样行走。

 每一个人都有一座潜能金矿

生活中的许多人在叹息、抱怨，总结起来就是人们都喜欢把自己的过失和失败归于外在的因素。比如：

"要是有一个好的社会背景，何至于会这样？"

"我从来就没有遇上一个很好的机会。"

"要是有人能帮我一下就好了！"

"真可惜我的文化水平太低！"

当我们想推卸责任的时候，不会去想把责任推掉的后果。事实上，当你处在这种状态的时候，你已经在自我否定，在摧残着自己的信念和信心，在毁灭自己生命的潜能。自我否定只能使你步入低谷，产生这种心理是对生命潜能的认识不够，最终会导致放弃原本可以利用的积极因素。

如何摆脱这种困惑呢？让我们一起来重新认识生命潜能，认识自己，认识到人类的潜能是永无止境的。

正是人类运用自身的潜能，经常能使世界发生翻天覆地的变化。我们作为人类的一分子，就应该去分享人类的骄傲。虽然所有的光环都集中在那些政治家、科学家、企业家身上，但是，如果我们把自己摆在"人"的角度去看这些伟人们，与成功者做一番比较，我们又差在哪里呢？我们应该相信，他们和自己是完全一样的人，只是因为我们都有不同的经历，与他人有着不同的经验、性格、目标等。

科学研究发现，人类储存在脑内的能量大得惊人。人平常只发挥了极少的大脑功能，要是能够发挥一大半的大脑功能。那么可以轻易学会40种语言、背诵整本百科全书、拿12个博士学位。从这点可以看出，任何成功者都不是天生的，成功的根本原因是开发了人的无穷无尽的潜能。只要你抱着积极的心态去开发你的潜能，你就会有用不完的能量，你的能力就会越用越强。相反，如果你抱着消极心态，不去开发自己的潜能，那么只有叹息命运不公，并且越来越无能！

激励人生每一天

人的潜能犹如一座待开发的金矿，蕴藏无穷，价值无限，而我们每一个人都有一座潜能金矿。并非大多数人命中注定不能够成功，只要发挥了足够的潜能，任何一个平凡的人，都能成就一番惊天动地的伟业。

3.自我激励十二法

　　我们是自己人生的设计师，也只有自己才能改变自己的人生。当我们认识到激励的重要性，时常自我激励，你就能成就自己的事业。没有人能支配我们的心灵，只有自己才是生活的唯一主人。我们做出的每次选择和奋斗过程都由自己亲身经历和体会。当我们学会了自我激励，你就会意识到：我们有能力改变自己的生活，并能够取得成功。

　　德国人力资源开发专家斯普林格在其所著的《激励的神话》一书中写道："强烈的自我激励是成功的先决条件。"可见，自我激励在人生中的重要性。我们可以通过以下的方法进行自我激励，塑造那个你一直梦寐以求的自己。

（1）清晰地规划远景目标

　　清晰地规划远景目标是人生走向成功的第一步，远景目标必须即刻着手建立，而不要往后拖。要有一个你每天早晨醒来为之奋斗的目标，它应是你人生的目标。你随时可以按自己的想法做些改变，但不能一刻没有远景目标。我们每天都能感受到自己的目标，才有动力不懈地努力。

（2）把握好情绪

　　情绪好的时候，人的体内就会发生奇妙的变化，从而源源不断地获得新的动力和力量。因此，找出自身的情绪高涨期，用来不断激励自己，更能取得良好的效果。另外，在把握情绪高涨期的同时，也不能忽视情绪低潮期，我们应该将其当成一种正常现象，尽量避免产生悲观的情绪。

（3）离开舒适区

舒适区只是避风港，不是安乐窝。如果长期在舒适区里生活，就会沉醉其中，不愿意接受挑战，甚至丧失面对困难的勇气。所以，我们要不断寻求挑战和激励自己、提示自己，不要躺倒在舒适区。它应该只是你心中准备迎接下次挑战之前，放松自己和恢复元气的地方。

（4）加强紧迫感

如果把今天当作生命中的最后一天，你要做什么？你是不是有许多遗憾？是不是还有很多理想没有实现？如果是的话，那么现在就加强紧迫感，要时刻有一种危机感。因为人生毕竟是有限的。事实上，如果能逼真地想象我们的弥留之际，也许会物极必反，从而产生一种再生的感觉，这是塑造自我的第一步。然而，大多数人对此视而不见，假装自己的生命会绵延不绝。唯有心血来潮的那天，我们才会筹划大事业，将我们的目标和梦想寄托在Denis Waitley(丹尼斯)称之为"虚幻岛"的汪洋大海之中。其实，直面死亡未必要等到生命耗尽的临终一刻。

（5）调高目标

很多时候，我们虽然有目标，但生活依然没有动力。这也许是因为目标太小，而且太模糊不清，使自己失去了前进的方向。如果你的主要目标不能激发你的创造力，目标的实现就会遥遥无期。因此，真正能激励你奋发向上的是确立一个既宏伟又具体的远大目标。

（6）迎接恐惧

如果一味想避开恐惧，它们会像疯狗一样对我们穷追不舍。此时，最可怕的莫过于双眼一闭，假装它们不存在。要想战胜恐惧，我们首先要敢于面对恐惧。哪怕克服的是小小的恐惧，也会增强你对创造自己生活能力的信心。

(7) 直面困难

困难可怕吗？有的人说可怕，那是因为他被困难吓倒了。有些人说不可怕，那是因为他敢于直面困难。困难对于强者来说，不过是一场场艰辛的比赛。真正的强者总是盼望比赛。如果把困难看作对自己的诅咒，就很难在生活中找到动力。如果学会了把握困难带来的机遇，你自然会将压力转化为动力。

(8) 做好调整计划

成功人生的道路绝不是坦途。它总是呈现出一条波浪线，有起也有落，正是这些不确定的因素，需要我们有应变的能力，即随时准备调整计划。即使你现在感觉不错，也要做好调整计划，这才是明智之举。在自己的事业巅峰时，要给自己休息调整的时间。安排出一大段时间让自己隐退一下，即使是离开自己喜爱的工作也要如此。只有这样，在你重新投入工作时才能更富激情。

(9) 立足现在

无论你有多么远大的目标，你都需要从现在做起。所以，我们不能沉浸在过去，也不要沉溺于幻想未来，而是要着眼于每一个现在，立即行动。从现在做起，今天就是你整个人生的一个缩影，只有坚持过好每一个现在，你才能拥有灿烂的未来。

(10) 敢于竞争

要成为生活的强者，就不可能不参与竞争。竞争给了我们宝贵的经验，无论你多么出色，总会人外有人，所以你需要学会谦虚。努力胜过别人的同时，也是在不断地超越自己；努力胜过别人，便在生活中加入了竞争"游戏"，所以在生活中，我们要勇于参与竞争，即使失败了，我们也可以总结经验，再次参与竞争，突破自我。

(11) 敢于犯错

如果这世界上有不犯错的人，那么这个人肯定也是个毫无成就的人。敢于犯错，其实就是勇于去做。有的人逃避做事的时候，总会为自己找借口，比如，我还没有把握好；我感到自己状态不佳或精力不足；我现在还没有灵感，等等。而种种借口，正是许多人没有成功的原因。所以，我们不要怕犯错误，正因为有错误的积累，你才更接近成功。

（12）走向危机

危机能激发我们的潜力。当然，我们不能坐等危机或悲剧的到来，勇于挑战自我是我们生命力量的源泉。当你真正敢于走向危机的时候，你会发现，机遇也蕴藏在其中。

激励人生 每一天

在我们不断塑造自我的过程中，影响最大的莫过于选择乐观的态度还是悲观的态度。我们思想上的这种抉择可能给我们带来激励，也有可能阻滞我们前进。而当你掌握自我激励的方法，自我塑造的过程也就随即开始了。

4.激发成功的欲望，走在成功的路上

强烈的欲望是成功的原动力，是奋斗之神，是希望之火，行动之力。只有那些能够产生热烈愿望以达到目标的人，才能走向伟大。所以，人因梦想而伟大。飞机上天、火车奔驰、灯泡发光，千里无线电话，都源于梦想和欲望。

我们在创业过程中付出了多少努力？遇到阻力和困难是否有毅力去克服？我们渴望把某件事或工作做到什么程度？这些都与动力有关。无论一个人怎样聪明或有才华，也无论有怎样多的机会，如果缺乏成功的欲望，就会在工作的过程中缺乏主观能动性，不能充分发挥自己的才华和潜能。

很多时候，成功与失败就取决于你欲望的强弱。每做一件事都要先有追求的欲望，然后才有追求的过程。

美国人约翰·富勒家中有 7 个兄弟姐妹，他从 5 岁开始工作， 9 岁时会赶骡子。生活的贫穷并没有让这个孩子沉沦，因为他的母亲经常和儿子谈到自己的梦想："我们不应该这么穷，不要说贫穷是上帝的旨意，我们很穷，但不能怨天尤人，那是因为你爸爸从未有过改变贫穷的欲望，家中每一个人都胸无大志。"这些话深植富勒的心，他一心想跻身于富人之列，开始努力追求财富。

正是这种成功的欲望激励着他，他开始努力工作，并不知疲倦地攀登成功的阶梯。12年后，富勒接手一家被拍卖的公司，并且陆续收购了7 家公司。他谈及成功的秘诀，还是用多年前母亲的话回答："我们很穷，但不能怨天尤人，那是因为爸爸从未有过改变贫穷的欲望，家中每一个人都胸无大志。"富勒在多次受邀演讲中说道："虽然我不能成为富人的后代，但我可以成为富人的祖先。如果你有这个想法和欲望，我不敢保证你一定能成功，但至少你会做得更好。"

一个人一旦滋生了成功欲望，再经过自我暗示和对自己的激发，构思出一个适合自己的计划，再通过自己的创意，以及对知识的灵活运用，从而使计划周密、详尽而具有可行性，然后凭借自己果敢的决断、坚强的毅力，就能保证计划的顺利实施和目标的最终实现。

比如推销员去推销产品，他一定要有非常强烈的成功欲望，这种欲望的产生就是要明确地知道，为什么要做推销员？要卖掉多少产品赚多少钱？然后他才会乐于学习正确的推销术，了解他的产品并相信产品，以及对潜在客户进行了解，并适时运用学到的推销方法。否则他就没有动力去克服推销中遇到的困难，也不会去积极思考推销的技巧，当然也不会有成功。

所有成功人士都有强烈的成功欲望

有调查人员对一批白手起家的百万富翁的心理进行深入分析，发现他们均有一个共同特性，即对成功有强烈的欲望。当然，这并不是说，任何具有成功欲望的人都能心想事成，因为事业的成功需要主、客观因素的和谐统一。机遇是成功的客观因素，而欲望、才干却是成功的主观因素。当一个人具备了成功的主观条件，再遇上适当的时机就有可能脱颖而出。一个人如果没有成功的欲望，即使机会摆在面前，并具备抓住机会的才能，也很难获得成功。

可以这样说，成功欲望是获取成功的原动力。只有拥有强烈的成功欲望，一个人才能竭尽全力去完善自我，寻找一切机会发展自己的事业。所以，当我们对成功产生了强烈的欲望，自然会形成一股不可阻挡的力量。

蒙纳根在一次就餐时突发奇想，他要做薄饼生意。于是，他和家人、朋友商量了一下，而让他感到遗憾的是，几乎每一个得知蒙纳根想做薄饼生意的人，都无一例外地告诉他："你完全没有这方面的知识，你不可能做成功薄饼生意。"可是，在蒙纳根本人心里根本不存在"不可能"这个词，他拥有的只是"一定成功"的欲望。

1962年，蒙纳根排除万难，在密歇根州开设了他的第一家薄饼店。30年后，他在全球已经拥有了5000多家分店，成为赫赫有名的"薄饼大王"。

在人生道路上永不退缩的林肯曾说："每个人心中都存有继续往前的欲望。努力奋斗是每个人的责任，我对这样的责任怀有一份舍我其谁的信念。"这句话，道出了所有伟大人物之所以获得辉煌人生的共同秘诀。

激励人生
每一天

所有成功人士，都有强烈的成功欲望，是欲望决定着决心，是决心激发潜能，继而推动行动。很多人至今不成功，是决心不够，他们只是想而已，并非"一定要"。只有"一定要"才能成功，而"一定要"源于强烈的成功欲望。

5.充分挖掘潜能，发挥最大能量

汽车的动力靠燃料来产生，人的动力靠自我挖掘来启动。当我们找到了力量的源泉，就要充分地运用。思考是智慧的磨刀石、感悟是智慧的发源地，我们要经常地认识责任、认识生命，让动力永不枯竭！激情永远燃烧！

一个人成功的关键就在于，如何挖掘自己的潜能和发挥自己的潜力，并实现自己的愿望。在挖掘自我、实现自我的过程中，期望和潜能是相互联系的。只有期望而没有这方面的潜能，你的期望就难以实现；具有某方面的潜能而没有这方面的期望，同样难以自我实现。人的期望与潜能的相互适应、相互磨合的过程，只有在社会生活的实践中才能完成。也就是说，人在生活中才能逐渐发现自己的期望需要什么样的潜能，自己的潜能可以实现什么样的期望。

我们可以从成龙的成功之路，了解如何挖掘自我潜能的力量。

成龙出生于一个普通的家庭，成龙小时候的理想是练一身好武功，当个武术家。8岁时父亲将他送到香港著名武师、京剧武生于占元的门下，进了于占元办的中国戏剧学校。成龙当时的兴趣并不在学戏，只是想学武功，为此经常受到师傅于占元的严厉体罚，就这样，10年的工夫，成龙练就了扎实的武术基本功，并且锻炼出了坚强的体魄和意志。

直到成名以后他的文化程度虽然很低，但他能成为集编、导、演才能于一身的世界电影巨星，是成龙在漫长的时间里摸索和挖掘自身优势的结果。

成龙8岁时因和师傅到夜总会表演特技开始接触电影。他从10岁开始当小童星直到20岁，演了不少角色，但是始终默默无闻。成龙心里很清楚，自己属于那种在别人面前晃一千次也晃不出印象的人。

1976年，成龙经朋友的推荐，在著名导演罗维的《新精武门》一片中担任主角，影片上市非常成功。但成龙还没有红起来，此后他在罗维公司拍了9部影片，一直扮演冷面凶悍的"硬汉"形象，但依然成绩平平。导演罗维很奇怪："成龙功夫又好，身手又漂亮，怎么就不能走红呢？"

后来，香港思远公司的名导演袁和平看中了成龙，让成龙主演喜剧影片《蛇形刁手》，袁和平认为成龙身材魁梧，性格粗犷，但没有那种冷峻、刚烈的肃杀之气，不适合演那类叛逆型的悲剧英雄，也不适合演英俊潇洒的正面英雄形象。袁导演从成龙偶尔的展颜一笑和克敌制胜的得意神情中发现了成龙的憨厚、调皮、可爱的因素，他认为成龙扮演喜剧性的人物一定会成功。

经过袁和平的点拨，成龙终于发现了自己的优势所在，在《蛇形刁手》上映后，成龙一鸣惊人。1978年10月成龙主演的《醉拳》上映，成龙大红特红，被称为"李小龙第二"。接着成龙自导自演《笑拳怪招》，奠定了自己在影坛的地位。

成龙在演《蛇形刁手》之前，已经在电影界待了16年，这16年成龙结交了一批有学问、有见识的朋友，给他出谋划策，弥补了他的不足。又在一次一次的演艺实践中，在一次次失败中发现了自己的种种"不可能"，逐步调整追求的目标，终于发现自己的优势。挖掘出自我优势后的成龙，在影坛上的路开始一帆风顺。

挖掘自我的愿望有多强烈，就能爆发出多大的力量

其实，我们每个人身上，都有一定的潜力，当我们懂得发现并挖掘这些潜力，你会更容易接近成功。

假如你是某公司的营销员，让你一个月完成5万的销售额，而你平时最多也就能销售3万。那么，闪现于脑际的想法是什么？肯定想到的是不可能。但如果现在规定一定要完成销售任务，如果完不成，就将你辞退，你会不会完成。我相信你一定能完成，即使完不成也会比3万要多。为什么会这样？因为，你的心头会滋生出一种强烈的欲望，去做成这件事。这样，你就会充分挖掘自我的潜力，尽自己最大的努力完成任务，效果当然会更好。

在我们的学习、生活和工作中，并没有一定要完成某项任务那么艰难，为什么我们离成功还是那么的遥远？这就取决于你是否有火一样的激情投身于你最热爱的事业中去，是否有强烈的欲望充溢你的心灵深处；不再只是有美好的愿望去达成某件事，而是有强烈的欲望去达成；挖掘自己的一切潜力来完成。你挖掘自我的愿望有多么强烈，就能爆发出多大的力量。当你懂得充分挖掘自身的力量，去改变自己命运的时候，所有的困难、挫折、阻挠都会为你让路。

你完全可以挖掘生命中巨大的能量，激发成功的欲望，激励自己一定要成功！

激励人生每一天

挖掘自我在某种意义上是人的一种心理活动。因为每个人对自己都有一个期望，人的一生就是为了实现这个期望。挖掘自我、实现自我就是使人的期望得到最大的满足。正是这种期望才使得人努力去追求成功的人生。

第五章

学会做人是一生的课题

※ 做人有原则，提升影响力 ※

老实做人，是说做人要有原则，要遵守道德标准和社会规范。这里的老实是一种行为准则，而不是窝囊，更不是甘于平淡。做老实人，办聪明事，将老实的态度用在聪明的地方，你就自然提升了自己的影响力，而你也将享受到丰富的人生。

1.老实做人才能长久

人生从某种角度看也是一场战争。在这种战争中，为了求生存，必须要有谨慎的生活态度，而老实做人无疑是最好的选择。因为老实人厚道，处处为别人着想，从不强人所难；老实人与人为善，不刻薄，不奸诈，不刁蛮，不搬弄是非，更不搞阴谋诡计。人们都喜欢和老实人打交道，和老实人打交道放心、保险，不怕上当受骗。这样受人欢迎的老实人，才能在多变的人生中做得长久。

有个园丁在一家度假山庄的花园里做工。这个花园也因为园丁的辛勤和高超的管理技艺而闻名，花园里有许多珍奇的果树和美丽的花卉，吸引了很多游客。

有一天，度假山庄的主人来到花园里，他看见花园治理得井井有条，非常高兴，再看见一串串成熟的果子，更是欣喜异常。他把园丁叫来，吩咐说："给我摘些最好吃的果子来，我要尝尝你的劳动果实。"

园丁拿着果篮就出去了，每棵树上都摘了几颗，一会儿果篮就满了。他提给了主人，说："这些是今年的新品种，不过现在好像还不太成熟，还要再过一个月应该是最好吃的时候。"主人拿起一个果子一尝，酸涩得无法吃第二口，赶紧扔掉了，接着又尝了两个，仍然都是酸涩的。主人有点生气地说："你是园丁，难道连果子都不会选吗？你居然连哪些是甜的，哪些是酸的，你都不知道吗？"

园丁说："我只知道，这些果子再过一个月才到成熟期，那时候会更好吃。"

"难道你就不能先尝尝？成熟期不到，照样能吃的果子多得很呢？"

园丁低下头，低声说："我的责任是照看这些果木花草，采摘另有人负责的，我拿了你的工资，老老实实地干自己的活，我真的不知道哪些果子是甜的，因为我从来没尝过。"

听到园丁这么说，主人的气全消了，还非常高兴，对园丁的老实大加赞许，还给了他一笔对园丁来讲数目可观的奖金。

社会大家庭虽说很复杂，但每个人的心灵深处还是需要善良的，你不经意地吃小亏，最终人们会对你越来越好。故事里园丁是个老实人，你认为他吃亏了吗？

言必信，行必果

老实人诚实、可信。他们言行一致，讲信用，守诺言，表里如一，不说假话、大话、空话，不会花言巧语。老实人说的都是实话真话，办事也讲究言必信，行必果。所以，人们更愿意与他们交往，老实人相对滑头来讲，有更多的机遇。

老实人肯干、苦干、实干，不耍滑头，凭本事吃饭。他们活得更踏实、实在。老实人不好大喜功，不急功近利。老实人总是踏踏实实，勤勤恳恳，一步一个脚印，从来不奢望一步登天。所以，老实人更多一分心灵的安宁。

老实人，"非礼勿视、非礼勿听、非礼勿动"。老实人不贪、不偷、不抢，"不义之财"必不取。老实人是非分明，对就是对，错就是错，错了，好汉做事好汉当。老实人不文过饰非，更不嫁祸于人。老实人本分、耿直，更容易取得他人的信任，人们更愿意与他们合作。

老实人原则性强，严格按政策规定办事，不会拐弯，不会变通，明知惹人对自己不利，甚至被冷落、排挤、打击，也要"固执己见"，坚持到底。老实人做事认真负责，认准的路走到头，认准的事办到底，从不动摇自己的信念和意志，哪怕千难万险，哪怕刀山火海，哪怕流血牺牲。老实人专注、执着，他们可能在一时一事处于不利，但从长久上看，他们却能得到更丰厚的回报。

老实人不患得患失，能够得理让人。老实人吃亏是为他人、为工作、为大局。老实人有气度，能忍辱负重，委曲求全。所以，他们有着良好的人际关系，他们善于积累人情资源，更容易获得他人的帮助。

老实人遇事常让人一步，待人接物常常保持着真诚宽厚的态度。而让人一步，也为自己以后进一步留下了余地。真诚待人，终究"精诚所至，金石为开"，对方一旦敞开心扉，也会给老实人带来更多的好处。

从上面的分析看，我们应该能看到，老实才是做人之根本。从表面和眼前利益上看，老实人可能会吃亏，但从长久看，老实做人更能获得人生最大的利益。

激励人生每一天

老实人的老实，不是软弱，不是无能，更不是固执。老实人的老实是美德，是胸怀，更是一种境界。老实人的心态是健康的，坦然的。也只有老实做人，才是长久的。

2.低调做人更容易成功

低调做人，是一种品格，一种境界，是做人的最佳姿态；同时，它也是一种思想，一种深刻的做人哲学。善于低调做人，不仅是体面生存和尊严立世的根本，也是赢得成功的关键之所在。

掩藏自己的实力，则韬光养晦，等待恰当的时机再动，一定会取得最终的胜利。"缓称王"作为朱元璋"高筑墙，广积粮，缓称王"大战略的最后一个环节，实际上也是最重要的一个环节。也正是朱元璋智慧的表现。

元朝末年，主要的几路起义军和较大的诸侯割据势力中，大部分领袖皆已称王、称帝。最早的徐寿辉，在彭莹玉等人的拥立下，于元至正十一年（1351年）称帝，国号天完。张士诚于元至正十三年（1353年）自称诚王，国号大周。刘福通因韩山童被害，韩林儿下落不明之故，起兵数年未立"天子"，到元至正二十年（1360年）徐寿辉被部下陈友谅所杀，陈友谅自立为帝，国号大汉。四川明玉珍闻讯，也自立为陇蜀王。一时间，九州大地，"王"、"帝"满天飞。

此时只有朱元璋依然十分冷静。他明白"谁笑在最后，谁才是真正的胜利者"这个道理。所以，他坚定地采纳"缓称王"的建议。直到元至正二十四年（1364年），朱元璋才自立为吴王。至于称帝，那已是元至正二十八年（1368年）的事情了。此时，天下局势已基本确定，也就是说，朱元璋即便不称帝，也快成事实上的"帝"了。

与其他各路义军首领迫不及待地称王的做法相比较，朱元璋的"缓称王"之低调战略可谓高明。"缓称王"的根本目的在于最大限度地减少己方独立反元的政治影响，从而最大限度地降低元廷对自己的重视程度，避免或减少过早与元军主力和强劲诸侯军队决战的可能。这样一来，朱元璋就能更好地保存实力，积蓄力量，从而求得稳步发展了。

在当时，天下大乱，起兵割据并不意味着与中央朝廷势不两立，不共戴天。但一旦冒出个什么王或帝，打出个什么国号，那就标志着这股势力与中央分庭抗礼了。因此，谁要是称什么王或帝，朝廷必定要派大军前去镇压谁。这就是所谓的"枪打出头鸟"了。徐寿辉称帝的第二年，元朝大军就对天完政权发起大规模的进攻。同样的道理，张士诚、刘福通等人，莫不为元军所围攻。

相比之下，只有尚未称帝的朱元璋，一直到大举北伐南征前，都未受到过元军主力的进攻。其中一个重要原因就是，朱元璋一直在"忍辱负重"，服从于小明王的宋政权。当时天下称帝者有三四个，处于摇摇欲坠中的元政权，根本顾不上朱元璋这一类依附于某一政权的势力。而朱元璋正是抓住了这有利时机，加紧扩充地盘，壮大实力，最后终于成为收拾残局的主宰者。

"缓称王"还避免了过多地刺激个别强大的割据政权。元末虽乱，但到最后"冠军"只能有一个。从这个意义上讲，不管哪个割据政权都是皇权路上的竞争者。因此，割据政权除要与朝廷斗争外，相互之间还有"竞争"，这种"竞争"实际上就是血腥的相互残杀。正因为朱元璋"缓称王"，不但避免过早地卷入这种残杀，而且借依附于小明王的宋政权，一方面讨得宋政权的欢心，另一方面也得到了宋政权的庇护，可谓一箭双雕。

可见，朱元璋的韬光养晦，低调处世之举高明之至，他懂得积蓄力量，再厚积薄发，一举成功。其实做人处世也同样如此，在自己没有足够的力量之时，不轻易言勇，不要把自己不锋利的矛头对准别人坚硬的盾牌，否则，受伤的只会是自己。

低调做人是最沉稳平和的艺术

《易经》上说："君子藏器于身，待时而动。"无此器最难，有此器不患无此时。生活中的人常常怕别人看不出自己有多大的能力，为人处世不懂得低调，实际上，这往往不会给自己带来什么好处。爱显露自己的人，就好像是额头上长出的角，额上生角必然会很容易触伤别人，如果你不去想办法磨平自己的角，时间久了别人也必将去折你的角，角一旦被折，其伤害也就更大了。而懂得低调做人的人，却能避免这样的伤害，他们总是在暗中积蓄实力再出击，获得最后的胜利。

精通哲学、文学和史学的胡适先生在《胡适来往书信选》致杨杏佛的信中也曾写道："我受了十余年的骂，从来不还击骂我的人，就连一句多余的解释也没有必要。解释是杯水车薪，是不起任何作用的。即便把对方骂得体无完肤，又能怎么样？相互争吵辱骂，既不会给任何一方带来快乐，也不会给任何一方带来胜利，在旁观者的眼里也不过是一只好斗的公鸡罢了。如果骂我而使骂者有益，便是我间接于他有恩了，我自然很情愿挨骂。"从这封信上的内容来看，胡适先生如此的做法，也是低调做人的一种方式。他不还击，低调来对待这件事，久而久之，对手也会觉得没意思，自动停止攻击的行为。

古往今来，成大事者无不审时度势，放低姿态做人，在暗地里积蓄力量，韬光养晦，等待最好的时机积极行动，取得最后的成功。

激励人生每一天

所谓"尺蠖之曲，以求伸也，龙蛇之蛰，以求存也"。低调，从来都是保全自己的一个方法。只有这样，你才可以韬光养晦，积累自己，发展自己。当然，低调做人，不是指低声下气，而是指要始终把自己当成普通一分子，融入大众中去，不自命不凡，为人处世不张扬。

3.要有人情味，留点余地路自宽

做人难，难做人。这是千百年来一直让人们困惑的问题。事实上，做人真的有那么难吗？其实不然，只要我们心存"人情味"，做人不要做得太绝，做事不要穷追不舍，你会发现，脚下的路其实很平坦。

生活在这个社会上，每个人都难逃一个"情"字，这不仅是做人的需要，也是做事的需要。做人要有人情味，不要因无关痛痒的小事而耿耿于怀。善于体谅别人，才是与人为善之根本。而且，给他人留点余地，也是给自己留条路。

做人有人情味，凡事留点余地，才能进可攻退可守。而那些把话说满，把事做绝，不留余地的人，结果极有可能使自己陷入尴尬的境地，这样的做法是极为错误的。

小王与同事发生了点小矛盾，本来也没什么大不了的。但是她向同事说："从今天起，我们谁也不认识谁……"

这件事情发生后，小王果然如自己说的那样做了。即便同事有意和她和好，甚至发信息请她吃饭，小王也是置之不理，一副拒人于千里之外的模样。后来，同事也就不再做这方面的努力了，两个人虽然在一个办公室工作，但形同陌路。

半年后，小王的同事成为她的上司，她再想回头已经没有余地，只好辞职走人。

在这里，如果小王当初接受了同事的好意，表现得有点人情味，也许就不会有后来无法收场的结局。

给他人留余地，脚下路自宽

随着社会商品化趋势的逐渐加剧，人情味儿显得更加珍贵。然而，任何时候做人都需要留有余地，不仅要给自己留余地，还要给他人留余地，才能让脚下的路越走越宽，这里就有一个这样的例子：

孟尝君曾经担任齐国的宰相，在各国声望都很高。他家中养了许多食客，其中有一位食客与孟尝君的小妾私通，有人将这事报告给了孟尝君，说："身为人家的食客，暗中却和主人的妾私通，实在是太不应该了，理当将他处死。"孟尝君听后，只是淡淡地说了句："喜爱美女是人之常情，不必再提了。"

一年后，孟尝君召来那位食客，对他说："你在我门下已经有很长一段时间了，到现在还没有适当的职位给你，我心里十分不安。卫国国君和我私交非常好，不如我推荐你去卫国做官吧。"

于是，这位食客来到了卫国，受到卫君的赏识和重用。后来，齐国和卫国关系恶化，卫国国君想联合各国攻打齐国。此人对卫君说："臣之所以能到卫国来，全赖孟尝君不计前嫌，将臣推荐给大王。臣听说齐、卫两国的先王曾经相互约定，将来子孙之间绝不彼此攻伐，而陛下您却想联合其他国家去攻打齐国，这不仅违背了先王的盟约，同时也辜负了孟尝君的情谊。请陛下打消攻打齐国的念头吧。不然，我宁愿死在大王面前。"卫君听后，佩服他的仁义，于是打消了攻打齐国的念头。齐国的人听后赞颂道："孟尝君实在是善治政事，竟然使齐国转危为安。"

孟尝君正是给这位本不可原谅的食客留了一点余地，没有因他一时的过失而斤斤计较，所以才收服了人心，最后使齐国转危为安，避免了战乱，保存了齐国的实力。

现实生活中，许多人说话做事总是不给人留余地，以为掌握了主动权就可以为所欲为，这样的做法表面上是赢得了一时的得意，一时的心理平衡，却不知给自己的未来留下了隐患。因为，几乎每个人受到了排挤后，都会产生一种报复心理。你打压了别人，实际上就是为自己树敌，这样做的后果，肯定是敌人越来越多，路越来越窄。

激励人生每一天

当一个人有了实力，或是抓住了对方的把柄，完全有能力打倒对方时，如果有点人情味，恰当地利用手中的优势，给他人留点余地，获得他人的信任与感激，再进一步通过其他方式来增进彼此的感情，这样既排除了树敌的可能性，而且多了一个可信赖的朋友。天长日久，你的朋友会越来越多，你会发现，做人与做事都变得容易起来。

4.做人成熟不世故，小糊涂中有大智慧

做人的成熟是人生的一种气质，而世故则是人生的一种疾病。成熟者世事洞明，敢做敢当，有"舍我其谁"的气概，往往小事糊涂，大事清楚。世故者则游戏人生，奉行的是滑头主义和混世方

略。世故的人在交往中被人们认为是聪明，实则不然，这恰恰是愚蠢的表现。他们让人不敢靠近，不可靠近，如此做人肯定不会左右逢源。

做人要成熟，懂得用小糊涂隐藏大聪明。小事愚，大事明，这是一种很高的修养。所谓愚，并非自我欺骗，或自我麻醉，而是有意糊涂。遇到小事该糊涂的时候，就不要顾忌自己的面子、自己的学识、自己的地位、自己的权势。而遇到大事该聪明的时候也不能含糊，一定要坚守原则，这才是做人的成熟之处。

有人看起来比较糊涂，但是，他们未必真的像表面上显露的一样。或许，在他们身上，正是隐藏着智慧之心。

美国第九届总统威廉·亨利·哈里逊，儿时是一个很文静又怕羞的孩子，性格有些内向。不太爱说话，村子里的人甚至把他看成傻瓜，常喜欢捉弄他。他们经常把一枚五分硬币和一枚一角的硬币扔在他的面前，让他任意捡一个，威廉每次都捡那个五分的，大家便以此为乐，更认为他是连多和少都不知道的呆子。

"难道你不知道一角要比五分值钱吗？"他的母亲有点难过地问他。

威廉说："当然知道。只是妈妈，如果我捡了那个一角的，他们肯定不会扔钱给我了。"

看完这个故事，你还认为威廉"愚蠢"吗？其实他就是看似愚笨，实则聪明的人。他的小糊涂里正是蕴含着常人所没有的智慧。重新再想一下，究竟是谁聪明谁糊涂呢？

其实生活中，常常表现聪明的人，未必是真正的聪明人，同样，那些看起来糊涂的人也未必是糊涂人。

要有成熟的做人智慧，同时要避免世故的小聪明

做人是一门很高深的学问，人们也都希望自己早一点成熟起来，可往往却又无法分清成熟与世故的界限，陷于世故的泥潭。成熟与世

故的距离很近，往往成熟再过一分便流于世故。所以，做人一定要把握好尺度。

那么，成熟与世故究竟各有哪些特点呢？

（1）成熟者真诚，而世故者虚伪

成熟者知道社会是复杂的，他们能提前做好准备。遇事自己思索，自己做主，不轻信，不盲从；与人交往，考虑周到而不失赤子之心，和朋友谈心，不虚伪、欺瞒；如果遇见不熟悉的人，"不会一下子就推心置腹"，因为这样既不尊重自己，也不尊重别人，可以多听少谈，真正了解后才可以敞开心扉，交流思想，真诚相待。世故者由于过多地看到人生和社会的阴暗面，因而错误地认为人世间没有真诚可言。与人做"披纱型"的交往，犹如世人披上面纱一样，把自己的内心世界封闭起来。对人外热内冷，处处设防，奉行"见人只说三分话，未可全抛一片心"的处世原则。同友相交，虚与委蛇，别人的事探听尤详，自己的事讳莫如深，说给别人听的，尽是些"不着边际"的话，真心话一句也没有。

（2）成熟者坚持原则，世故者见风使舵

成熟者遇事头脑冷静，坚持原则，有主见，清楚自己该干什么，不该干的坚决不干。世故者观风向，看气候，进什么庙烧什么香，投人所好，八面玲珑，采取"墙头草"的处世方法。他同多愁善感的人交往，便把自己打扮成多愁善感的人，说话时，眼睛里有时还会泪光闪闪；同性格多疑的人交往，他又会俨然装得深沉起来，与对方一起分析别人如何有可能损人利己，奉劝对方应采取何种方法来对付；而同率直爽快的人谈话时，他又会马上变得疾恶如仇，要为朋友打抱不平，两肋插刀；然而同随和的人在一起时，又显得老谋深算，久经风霜的样子。

（3）成熟者直面现实，世故者玩世不恭

成熟者对事敢于发表自己的见解，敢做敢当，有"舍我其谁"的大丈夫气概，往往小事糊涂，大事清楚。世故者游戏人生，奉行的是滑头

主义和混世主义。他们遇有原则问题需要辨明时，则莫问是非曲直，要不然就是模棱两可，反正都对的话。这种人最终什么也干不成。

激励人生
每一天

要想在处世中左右逢源，就需要做人的成熟。这种成熟表现出做人的睿智与深沉，懂得用小糊涂掩盖大智慧，绝不像世故者表现得浅显而张扬。要想在人性丛林中生存，成熟必不可少，但也要提醒自己，不能流于世故。

5.35岁前必知的七条人生规则

人生充满着美好、幸福与欢笑，同时，人生这座丛林里也充满着无数的诱惑、险诈、争斗、陷阱，面对这样一个复杂的环境，我们必须找出其中的潜规则，加以熟悉和运用，才能在人生中机智生存源。

（1）适者生存，做人要随时调整自己

做人如果不能适时地变通，那么终有一天你就会被环境和时代所抛弃。这个世界上永远没有一成不变的东西，只有适时调整自己的人生方向，调整自己的前进方略，才能领略到人生的精彩。生活中，很多时候都需要我们去适应环境，而不是让环境适应自己。如果总是固执地凭借本身的能力和变化的环境相抵抗，到最后吃苦头的还是自己。

做人就应该懂得适应环境，根据周遭局势的变化来调整自己的心

态与规划，即使你是做出了成绩的大功臣，但当身边的环境发生了变化时，如果还沉浸其中，用自己过去的功劳做筹码，肯定是要被打倒的。做人要聪明，应该懂得世界上没有什么东西是永恒的，外部环境已经发生变化了，自己本身具有的东西也要适当地加以调整。如若非要固执行事，那么，恐怕吃亏的只能是自己。

(2) 做人不仅要懂得选择，更要懂得舍弃

传说东南地区的珍品，当数荆山的鹿脐最为珍贵，而且人人都想得到。荆地有个追捕鹿的人，紧紧追逐一只鹿不放，鹿被追得急了，只好把身上的脐挤出来，留在树林里。追捕的人在那里得到鹿脐，也就不再追了，鹿因此得到机会逃脱了危险。这里说的道理就是舍弃自身的小利，来保住性命。

中国有句老话，有所不为才能有所为。去除那些对你是负担的东西，停止做那些你已觉得无谓的事情。只有放弃才能专注，才能全力以赴。因此，做一个明智的人，既要懂得选择，还要懂得放弃，从而使自己步入柳暗花明的新天地。

(3) 做人不能忽视细节给人的影响

一部名为《细节》的小说，其题记为："大事留给上帝去抓吧，我们只能注意细节。"作者还借小说主人公的话做了注脚："这世界上所有伟大的壮举都不如生活在一个真实的细节里来得有意义。"所以，做人千万不能忽略了细节，细节虽小，却在很多时候决定一件事的成功，甚至一生的成败。

做人应该注意细节，一个行为不得体的人很难在生活中有卓越的表现。一个人要想获得成功，仅靠渊博的知识是不够的，你的一举一动，一言一行，都可能左右着未来的成就。

(4) 做人不能精明露骨

做人精明不仅是我们每个人的希望，也是每个人尽力要做到的事

情。不过，做人精明的一个重要的表现，就是要将精明放在心里，而不是让众人皆知。过于显露自己的精明，过分地招摇，首先会招致对自己的损害，尤其是受到有妒忌之心的人的攻击。

大智若愚，大巧若拙，后发制人，才是真正聪明的人。《红楼梦》里的王熙凤做人可谓精明，倚仗贾母的宠爱和自家背景，欺上压下、左右逢源。"机关算尽太聪明"，最后令众人生厌，郁郁而终。可见，做人不能不精明，但也不要精明过头。

在一般情况下，忍住显示自己才智的欲望，可以避免因为炫耀自己的才能，招致他人对自己的妒忌、陷害。古往今来，过于显露自己的才能和智慧，过分地招摇，聪明反被聪明误的大有人在。在复杂的社会中，需要遵守生活中的潜规则。大凡历史上的名人能人、英雄豪杰，都常常是身怀绝技，但他们也都知道，"山外有山，天外有天，能人背后有能人"的道理，所以要想赢得胜利，后发制人，都是懂得隐晦的人，而绝不是随便表现精明的人。

（5）做人不能太死板

做人需要老实，需要遵守一定的规则，但是，做人不能为某种规则所约束，被命运牵着鼻子走，而应该懂得方圆做人，用灵活变动，配合做人的"方"，这样才能在人生中超越固定的束缚，做自己人生的主人。

生活中，做人太死板，不分场合地负隅固执，明显会有负面影响。处理错综复杂的事情，灵活变通往往能起到意想不到的润滑作用，可以保护自己或避免伤害别人。能真正悟透此中精髓的人才是真正的聪明。

一根铁棍无法撬开坚实的铁锁，一把小巧的钥匙插进锁孔轻轻一转，"啪"的一声就打开了。这是因为钥匙最了解铁锁的"心"。

（6）做人要能屈能伸

在现实的生活中，人们往往更加容易接受"伸"，而很难忍受

"屈"，这是因为人们的精神难以负荷。但为了将来有所作为，就必须要忍受一时的屈辱。想想，如果当年韩信因一时的冲动，和屠夫去拼命的话，哪会有后来的成功？

能伸是做人之圆，而能屈则是做人之方。方圆结合也就意味着做人要能屈能伸，这样才能让我们在生活中拥有主动。诚然，任何人都愿意挺起脊梁做人。可是，在特定的环境下，弯腰并不是可耻的事情，因为这并不是你的本意，而是暂时的权宜之计，是一种生存之道，只有懂得屈伸之理，熟知人生的规则，才可能拥有更大的成就。

(7) 做人要拿得起，放得下

有许多满怀雄心壮志的人做人很坚强，能在一条路上顽强地走下去。但是，也有一些人因为选错了路，而又不肯回头，直到生命的终点也没有达到自己最初的目标。一个人要想获得成功，首先要有一定的策略和方法。但是，当这条路再也走不下去时，就要运用"方圆"转换策略，否则即使你再有本事，付出了千百倍的努力，也不会获得成功。

一个成功者，不仅要敢于梦想，敢于追求，敢于迎接各种各样的挑战，敢于为实现自己的目标去努力进取，还要懂得权衡利弊，熟知人生的规则，懂得拿得起，还要放得下。

一个人来到世间，总会遇到顺逆之境、进退之间的各种情形与变故的。范仲淹说"不以物喜，不以己悲"，有了这样一种心境，就能对大悲大喜、厚名重利看得很小、很轻、很淡，自然也就容易"放得下"了。"莫将戏事扰真情，且可随缘道我赢"，王安石的这两句诗，将"戏事"与"真情"区分得十分分明。按照我们的理解，所谓"戏事"，就是指那些能拿得起、也该放得下的事；能做到如此随和且随缘地看待人生旅途中的一切利害得失与祸福变故，一个人岂有不会"道我赢"之理？

激励人生
每一天

综观一个人的人生道路，大都呈波浪起伏、凹凸不平之状，如果我们希望这条路能更好走、更平坦一些，就需要懂得做人的一些规则，更细致地参透做人的奥秘，才能让我们的人生之路更为顺畅！

第六章

社交影响你一生

※ 这样社交最有人缘 ※

在通往成功的路上，我们更多的是战胜自己，而不是战胜他人；更多的是与他人相互合作，而不是与他人竞争。良好的社交是成功的重要因素，是生活中、事业上的重要资源，那些善于发掘和利用社交艺术的人，更容易获得成功的机会。正如卡耐基所说："一个人的成功，约有15%取决于知识和能力，85%取决于社交的能力。"人人都在社交，但人的社交能力各有高低。从大处说，它决定了一个人在社会上的前途；从小处说，它也影响人的日常生活。社交是一个大舞台，它是强者表演智慧人生，挥洒自我风范的平台。

1. 社交影响人生的成败

　　社交是现代人必备的一种生存技能，是一个人成功的基本条件。它绝非简单的你来我往，请客送礼，曲意逢迎，而是一种交流的艺术，是一种处世的学问。它是一面镜子，能够折射出一个人的眼光、才能和智慧。社交能力在人的一生中具有举足轻重的分量，往往决定一个人的命运。没有社交能力的人，就像陆地上的船，永远无法在人生的大海中遨游。

　　善于社交是成功的资本，这是一条颠扑不破的法则。没有良好的交际氛围，就不能顺利打开人生的局面。善于交际的人，不论从事何种职业，他都会受到人们的由衷敬佩，善于交际则是他们在人生路上游刃有余的资本。

　　松下电器领导者善于用情感管理属下，松下幸之助也善于用社交来维护员工的热情，降低管理成本，为公司的发展创造"人和"资本。松下电器在创建之初为了完成原始的积累，管理严格到了极点，但随着公司的扩大，企业文化的不断发展，松下仅靠严格已不能管理公司了。

　　松下幸之助身体较虚弱，精力却相当充沛。他在管理偌大的公司时，时常关注员工的生日或婚礼。员工的生日或婚礼，他都亲自题写贺卡。

　　每年他自己过生日的时候，都会收到许许多多的贺卡和贺电，他对这些贺卡和贺电亲自回复表示感谢。他的亲笔信无论内容长短，都有一种亲切感。这也是他保持良好人际关系和保持个人形象的有效方法之一。

　　松下电器公司创业之初，只不过是松下夫妇二人的私人作坊，制作电器绝缘板，但是在70年的历史中，它却神奇地发展为世界上最大的电器王国，这种成功是每个有事业心的人都企盼的。

由此可见，一个在事业上有所成就的人，良好的社交氛围必不可少。当今社会是人际关系社会，人际交往广泛与否是衡量一个人能否在事业上成功的关键因素。

善于社交是成功的资本

中国有个成语叫"孤掌难鸣"，具体到社会交际，意思是一个人不可能离开群体而独立生存，必须有一个良好的交际氛围做支撑，这就是我们说的社交。

生活中，一个人没有朋友，没有志同道合的人做伴侣，这个人是不幸的，他得不到真正的幸福，得不到世人的理解与关爱。只有将自己投入到社会的大家庭，拥有一个良好的交际圈，他才能顺利打开人生的局面。

伟大的文学家鲁迅先生曾经这样说过："人生得一知己足矣！"这句话道出了交际的可贵之处。俗话说："相识满天下，知心能几人。"一个人在社会中发展有一个良好的交际网络，就好像在冰天雪地的寒冬获得了一缕阳光，在干涸孤寂的沙漠寻觅到一片绿洲。在社会中发展，人们之间的相互理解、相互关爱，以及相互信任、体贴，可以帮助你渡过一个又一个难关。在社交中凝聚的友情会比爱情更隽永、更真诚。

一个人的生命旅途如果没有人际关系做支撑，那么，他的前程就会茫然无措；没有友谊，孤寂冷落的心灵就不会得到寄托。没有人缘的人是世界上最痛苦的人，这样的人终身不过是孤单无伴，碌碌无为。

心理学家马斯洛把人的各种需要归纳为由低到高的五个层次（呈阶梯状）。而在获得生理和安全两大基本需求之后，人类的需求便是社交，即人都希望得到关爱、理解与尊重。

总而言之，没有真正的友谊，就得不到世人的理解与关爱。只有将自己投身到社交洪流中，开拓一个良好的人际关系，自己才不至于悲观冷落、忧郁彷徨，才会在残酷的社会竞争态势中立于不败之地。换句话说，拥有了良好的社会关系，就拥有了成功人生的资本。

社交能增加强者风范

孟子曰："天时不如地利，地利不如人和。"社交是磨炼人的战场，在这个没有硝烟的战场上，经常有人感觉到英雄无用武之地，其原因有可能是受社交的制约影响，即没有打开社交局面。

现实世界中，一个人是否有强者风范，他的才能是否能够充分发挥出来，一方面受到来自机遇的影响，另一方面还受他的社交状况以及在此基础上形成的人际关系的影响。

哈佛大学就业指导小组曾经做过这样一个调查，根据结果显示，在被调查的数千名被解雇者中，社交状况不好的要比不称职的人高出两倍。而且，不少研究材料和调查都有相似的结论：在每年调动工作的人员中，因人际关系不好而无法施展其所长的占90%以上。

社交虽然不能作为衡量一个人的才能大小的标准，但它却是一个人施展其才能的重要平台。这个平台搭建得越好，对人的才能施展越有利，就更容易获得成功。相反，尽管某些人很有才华，他的活动能量以及他的成功率便会大打折扣，其人生的路途肯定要多走弯路。

就个体才能发挥来说，其社交状况是一个重要的外部因素。事实说明，这个社会环境直接或间接地影响着人的社会活动能力的强弱，影响着个人能力的展现。

漫漫人生路，坎坷何其多。有的人不喜欢与人交往，经历了挫折与失败之后，他们便常常自怨自艾，抱怨命运的不公：自己付出了努力，却得不到别人的关爱与支持；自己付出了心血和汗水，却得不到别人的鲜花与掌声。究其原因是由于他们不懂社交所致。社交可以为你提供一个广阔的平台，使你增长见识、心胸开阔，锻炼你为人处世的能力，更重要的是能够磨炼人的意志，使你的性格坚韧起来。

激励人生
每一天

兵法以"人和"为上策，社交也该以"人和"为根本，借助"人和"的东风，才能有所作为，才能成就大业。所以，一个在事业上有所成就的人，往往以通达的人缘来网罗人心，得人心意味着你得到在社交场上纵横驰骋、展现风采的根本。

2.将陌生人变成朋友

有的人朋友多，并不是他接触的人多，社交面广阔，而是他善于把陌生人变成自己的朋友。生活中，我们接触的人并不多，要扩展自己的社交平台，就需要不断地将陌生人变成朋友，让自己的社交舞台越来越多彩。

千里难寻是朋友，朋友多了路好走。对一个人来说，你生命的质量，很大程度上取决于是否拥有众多朋友。你的朋友越多，你分享的幸福快乐就越多。朋友是生命的支点，为了让这个支点越来越繁荣，我们需要将陌生人变成自己的朋友。

某网上曾经报道过一个成功企业家的经历：他既没有学历，也没有金钱，更没有优越的家世背景，但他却凭借自己的不断努力，成为一个拥有资金超过10亿美元的企业家。那么，他的成功到底原因何在呢？

后来，这位企业家的一个朋友回忆说："那天晚上，我、他、他太太三个人坐在一起闲聊，话题无意间转到他以前艰苦奋斗的情形，他当时曾很严肃地说：'像我这样既无学历，又没财力，更没有家世背景的人，能有今天的成就，实在有不足与外人道的辛苦。'任何人处在他的环境都会说出同样的话。但是，停了一会儿，他又接着说：'像我这样一无所有的人，如果要与别人来往，就必须令对方感到和我来往会得到某些方面的愉快与益处。'"

这位企业家学历、金钱、背景三个要素，什么也不具备，这样的人要取得事业的成功不知要比别人付出多少倍的艰辛和汗水，正是凭借非凡的毅力和意志，学到了与人交往之道，将许多陌生人都变成了朋友，拓展了自己的社交，才为他后来事业的成功奠定了良好基础。

将陌生人变成朋友，你会受益良多

美国有一位名叫阿瑟·华卡的农家少年，在杂志上读了某些大实业家的故事，很想知道得更详细些，并希望能得到他们对自己的忠告。

有一天，他找到了威廉·亚斯达的事务所，在第二间房子里，华卡立刻认出了面前那位体格结实、长着一对浓眉的"陌生人"。高个子的亚斯达开始觉得这少年有点讨厌，然而一听少年问他："我很想知道，我怎样才能赚得百万美元？"他的表情开始变得柔和并微笑起来，两人竟谈了一个钟头。随后亚斯达还介绍了自己一些实业界的朋友让他去拜访。

华卡照着亚斯达的指示，遍访了一流的商人及银行家。在赚钱这方面，他所得到的忠告并不见得对他有所帮助，但是能得到成功者的知遇，给了他自信。他开始仿效他们成功的做法。

又过了两年，这个20岁的青年成为他学徒的那家工厂的所有者。24岁时，他是一家农业机械厂的总经理，不到5年，他就如愿以偿地拥有百万美元的财富了。这个来自乡村粗陋木屋的少年，终于成为银行董事会的一员。

华卡在活跃于实业界的67年中，实践着他年轻时来纽约学到的基本信条，即多与有益的人相结交，将许多原本陌生的人变成朋友，成为自己的资源。

每个人都是一个丰富的世界，每个人的经历都是一部精彩的小说。

假如我们能与陌生的人发展友情，了解一下他们的内心世界，一定会发现有许多新奇的感受，学到许多有用的知识，就能产生一种赏心悦目的快乐。

朋友是我们的另一生命，当我们和朋友在一起的时候，一切都变得那么顺畅、通达。每天赢得一个朋友，即使他不能成为你的挚友，至少也可以成为你的支持者和鼓励者。

如何将陌生人变成朋友

不少人跟老朋友谈话口若悬河，可在陌生人面前说话总是感到拘谨、不自然。这是为何呢？其实道理很简单：因为和熟识的朋友在一起的时候，互相了解的情形使你处在一个相当宽松、自然的语境氛围之中，这种氛围协调着你的语言以及各种行为，使之按着自然本真的方式来进行。可面对陌生人，尤其是进入充满陌生人的群体之中，你对一个个朋友一无所知，加之心理准备不足，甚至缺乏自信，有时你会感到有

一种不自在，或者恐惧。如此情形使你根本无法有效地把陌生人变为朋友。

其实，要想把陌生人变成朋友，首先得要在心目中建立一种乐于与人交朋友的愿望，心里有这种要求，才能有行动。在你打算和某个陌生人交往时，以下的建议不妨作为你的参考。

（1）不妨先介绍自己，给对方一个接近的机会

与陌生人第一次交往时，并不一定得介绍自己的姓名，因为，初次见面，这样做，对方可能会感到唐突。切入点很多，从自己的工作单位切入，或从自己的兴趣爱好切入，需强调，应该先从自己的情况入手，时机成熟，人家也会相应告诉你他的有关情况。

（2）你可以问一些有关他本人的一般问题

比如说，有关他子女上学或工作情况，也可以问问对方单位一般的业务情况。对方谈了之后，你也应该顺便谈谈自己的相应情况，才能达

到交流的目的。需注意切忌跨步过大，问及对方隐私的问题。

（3）制造机会，接近对方

人对自己身体四周的地方，都会有一种势力范围的感觉，而这种身体的势力范围内，通常只能允许亲近之人接近。如果允许别人进入你的身体四周，就会有种已经承认和对方有亲近关系的错觉，这一点对任何人来说都是相同的。

某杂志刊登过这么一则标题，就是"手放在你肩膀，我们已是情侣"。的确，本来一对陌生的男女，只要能把手放在对方的肩膀上，心理的距离就会一下子缩短，瞬间就在心理上产生双方是情侣关系的感觉。推销员就常用这种方法。他们经常一边谈话，一边很自然地移动位置，挨到顾客身旁。因此，只要你想及早造成亲密关系，就应制造出自然接近对方的机会。

（4）声调、眼神和回答问题的方式，决定是否能向纵深发展

应当注意的是，有些人你虽然不喜欢，但必须学会如何与他们谈话。当然，人都有以自我兴趣为中心的习惯，如果你对自己不感兴趣的人不瞥一眼，一句话都不说，恐怕也不是件好事。你可能被人认为是骄傲，甚至有些人会把这种冷落当作侮辱，从而产生隔阂。和自己不喜欢的人谈话时，第一要有礼貌；第二不要触及对方的隐私，这是为了使双方自然地保持适当的距离，一旦你愿意和他结交，就要一步一步设法缩小这种距离，使双方容易接近。

各个行业都有许多出类拔萃的人，他们的影响是非同小可的。必须利用和他们接触的机会与之建立良好的关系，这对你的前程至关重要。

激励人生每一天

朋友是你的另一生命，当你和他们在一起的时候，一切都变得那么顺畅、通达。将一个陌生的人变成朋友，即使他不能成为你的挚友，至少也可以成为你的支持者和鼓励者。多个朋友多条路，我们应当努力扩大交友

范围，把陌生人变成好朋友。不过与陌生人结交时，千万不要急在一时，交友应该是渐进式的，不要让对方觉得你是带着目的与他交往。

3.掌握社交技巧，在各种场合都能游刃有余

技巧是一种进退之道、处世之方。善此道者，可在社交中减少挫败，在人生中得到较多的帮助。因此，通晓方圆练达的人情世故，掌握刚柔并济的社交技巧，这是你通向事业成功的一条捷径。否则，你将会处处碰壁，一事无成。

同样一件事，有的人办起来历尽坎坷，有的人却能够得心应手；有的人做起来左右逢源，有的人却漏洞百出。其实，这和一个人社交的技巧以及待人处世的方法有一定的关系。

人们常说，做事要方，做人要圆。所谓"方圆之道"，即是为人处世刚柔并济的原则和方法。在人际交往的过程中，一个人应该知道如何使用"圆"，即社交的技巧策略，怎样运用"方"，即待人处世的原则。更为重要的是要吃透何时使用"圆"、何时使用"方"以及方圆互通互动的道理。

无规矩不成方圆。是的，各行各业都有自己独特的规矩，社交也不例外。这好像做官的要求清廉，做学问的信奉一个"实"字，真正成功的社交人士往往是以诚信立足，以技巧策略求发展。社交走遍天下的准则是诚信，社交纵横驰骋的鞭子是技巧。

做成功的社交家，你需要掌握必要的技巧

做一个成功的社交家并非难事，只要我们懂得与人交往的技巧

和策略。

（1）与他人交往要关注对方的反应

一瞬间的反应往往会泄露对方的秘密，他对你的好恶和看法全都装在里边，社交经验丰富的人，常常十分善于捕捉这些极其微小的变化，从而发现对方的心思，走进对方的心灵。

（2）和他人交流要注意自己说话的声音

用适度的声音和人交谈，让人觉得亲切、随和，不感到压抑，最起码不会引起别人的反感。要知道在任何场合，你的声音总会透露你的心迹，所以，与人交流时要注意说话的节奏，同时话要说得明白、晓畅，使对方有所了解。

（3）进行"换位思考"

设身处地为他人着想，他人想什么，有什么要求。如果了解其要求，就应该尽量满足，对方可能会改变主意。

（4）要达到"无我"的境界

人们往往习惯于用自己的意志去支配别人，这是社交的大忌。要知道，这是一种不尊重别人的行为，只会引起对方的反感。

（5）适时调整自己的角色

与朋友交往中，你可以根据不同的人、不同的情况，不断调整自己的角色，有时谦虚，有时可毫不客气；有时宽容，有时可毫不留情。

完善社交技巧，才能游刃有余

我们曾经把社交场比作人生的战场。《孙子兵法》中说，方则止，圆则行。圆阵不仅利于攻战，亦利于防守。同理，社交也应该有它的方圆之道，高超的社交技巧就像我们的手足一样重要。

例如，美国著名作家马克·吐温应邀赴宴。席间，他兴奋地对一位妇人说："您太漂亮了！夫人。"

那妇人却冷冰冰地回答道："可是很遗憾，我却不能用同样的话来回答您。"

头脑机敏、言辞犀利的马克·吐温立即微笑着说："这没关系，您可以像我一样也说句假话。"

正是马克·吐温那"移花接木"、"正话反说"的社交技巧，随机应变的头脑，机智地给自己的遭遇打圆场，使自己的语言逻辑有方有圆，不仅使自己摆脱了困境，也收拾了尴尬的残局。

其实，许多场合中，我们往往故意将正话反说，违反逻辑或规则，以达到自己的目的。与之相对的是反话正说，也就是用反话来揭示其正言的看似反己、实反他人的内涵。其实，反话就是偷换概念的过渡或铺垫，其合理性就是利用自然语言中自身包含的歧义，使其过渡成为合理化而达其目的。在尴尬场合使用这种反语常常是一种应变技巧，可以使不明确的性质随主观的意思而改变，从而击败对方。这就是"正反相生"的社交技巧。

当然，我们所说的待人讲方圆，并非圆滑世故，更不是平庸无能。它是一种圆通境界，是一种宽厚、包容的心态，是一种大智若愚的胸襟，是居高临下、明察秋毫以后心智的高度健全和成熟。

总之，正如卡耐基所说："我在社交场合，往往能够对答如流，妙语横生，将事情解决得如行云流水，滴水不漏，那是得益于我处理特殊情况的秘诀。"所以，只要完善了你的社交技巧，诚实做事、方圆待人，你一定会成为一个社交高手。相反，如果你没有这方面的特殊应急技巧，你可能会陷于一种尴尬、危险的地步。

激励人生每一天

无规矩不成方圆，各行各业都有自己独特的规矩，社交也不例外。真正成功的社交家往往是以诚信立足，以技巧策略求发展。社交走遍天下的准则是诚信，社交纵横驰骋的鞭子是技巧。

4.迅速提高社交能力的七种方略

好人缘是人际关系的润滑剂，是在纷繁复杂社会中立于不败之地的支撑点。人要成功离不开他人的支持，同时人的天性也需要朋友欣赏。没有一定的社交能力，有了好机会也会丧失。

古人云："天下熙熙，皆为利来；天下攘攘，皆为利往。"实际上，人的许多烦恼，来自人与人之间的利益争斗。淡泊之人私心较轻，故而与人交往，少计较得失利害。这就在最大限度上除去了人生的烦恼之源，而广博的人际关系又会给其带来心理快乐。

每个人都想拥有良好的社交能力，那么，我们该怎样才能赢得好人缘呢？下面的七种方略，可以供你参考。

（1）为别人的利益着想

人际交往中，只要你肯先为别人着想，别人自然就会为你着想。提高社交能力来得就这么简单。

有一次，记者问李泽楷他的父亲李嘉诚教了他哪些赚钱的秘诀。结果李泽楷说赚钱的秘诀父亲什么也没有教，记者觉得不可能。

李泽楷回答说父亲只教了自己社交与做人的道理。

记者很好奇地问是什么道理。

李泽楷说："我父亲跟我说，你和别人交往合作，假如你拿七分合理，八分也可以，那我们李家拿六分就可以了。"

这是什么意思？他让别人多赚两分，所以每个人都知道和李嘉诚合作会赚到钱，所以更多的人愿意和他合作。你想想看，虽然他只拿六分，但现在多了100个人，他现在多拿多少分？假如拿八分的话，100个会变成5个。

在社会中，有些人凡事都替自己打算，却从来不替别人打算，经常将自己的利益看得高于一切。其实这是一种极端的利己主义表现。这样只会受到别人的轻视。只有为别人的利益多做考虑，你才能赢得真正的友谊。

（2）审时度势，懂得变通

俗语说："识时务者为俊杰。"要想在风云多变的社交场上赢得好人缘，就必须在坚持原则的基础上懂得应变的道理。善于权变，审时度势，相机而动，古往今来许多成功者的成就都足以说明，不懂变通的人很难在事业上有所成就。

正如孔子所说："择其善者而从之，其不善者而改之。"小草固然是左右摇摆，但这也并不失为一种求存之道。试想几尺高墙之上生有一草已属不易，寸土之上，瓦砾之间，独出新芽，婀娜于天地之间，岂非奇事？小草自知身单力薄，生性柔弱，便避免与这强风劲吹分庭抗礼。相风而动，因风而摇。都说它错了，它却能保存自己，挺立于墙头之上。试想，如果连自身都保不住，还要谈什么宏伟的理想，远大的志向，还创什么宏图大业。要想提高社交能力，这一点一定要学会。

（3）学会变换角色

变脸是一种巧妙的功夫，同时也是与人交往的高明策略。在戏剧里，演员在脸上涂有不同的谱式和色彩以寓角色性格特征。其中红脸表示忠勇，黑脸表示刚烈，白脸表示奸诈。在现实生活中我们虽然借用京剧脸谱的名称，但请注意：真实的人心态千差万别，人的实际脸谱色彩也是多种多样，不是两三种名称所能道明其中的奥妙差别的。

任何一种方法只能解决与之相关的特定问题，都有一定的副作用。对人太宽容了，便会失去控制，结果是天马行空，混乱不堪；对人太严格了，则万马齐喑，死气沉沉，毫无活力。有一利必有一弊，不能两全。社交高明之人深谙此理，为避此弊，莫不运用红白脸互换之策。有时两人连通一气合唱双簧，一个唱红脸，一个唱白脸；更高明者，可依据角色需要变换脸谱。今天是温文尔雅的贤者，明天变成杀气腾腾的武将。

世人多面孔，能够一会儿白脸一会儿红脸，集软硬兼施、刚柔并用、德威并重于一身，便能够像一位出色的演员，胜任自己在社会大舞台上扮演的各种角色。因此说，变脸交际是一套巧妙的功夫，同时也是提高社交能力的高明策略。

（4）善借别人的智慧是社交场运筹帷幄的法宝

在社会中行走，仅仅依靠自己的力量是很难打开人生局面的，往往需要别人的帮助与提携，不要小瞧你身边的每一个人，他们的智慧都是你成功的可靠保证，都会为你的事业添砖加瓦。

不忌妒别人的优点，善于发现别人的长处，并能够为己所用，能够协调别人为自己做事，与合作人之间建立良好的信誉，是现代社交的基本法则。

一个人智慧的大小，常常体现在社交的方法上。"天外有天，人外有人。"所以，借助别人的智慧，帮助自己到达成功的彼岸，往往会使你事半功倍。

（5）多结交比自己优秀的人

常言曰，结交须胜己，似己莫如无。与不如自己的人交朋友，固然可以获得自慰，但终究学不到什么；而结交比自己优秀的人，才能真正使我们更成熟、更富有。自古以来，大凡有所作为的人，大都结交比自己优秀的人，不断鞭策自己力争上游。

萨加烈曾说："如果要求我说一些对青年有益的话，那么，我就要求你时常与比你优秀的人一起行动。就学问而言或就人生而言，这是最有益的。学会尊敬他人，这是人生最大的乐趣。"

有些人总是乐于与比自己差的人交往。因为，在与这样的人交往时，能产生优越感。可是从不如自己的人当中，显然是学不到什么的。而结交比自己优秀的朋友，能促使我们更加优秀。我们可以从劣于我们的朋友中得到慰藉，而我们能从优秀的人那里学到更为高超的社交能力。

（6）把喜怒哀乐放在口袋里

人人都有喜怒哀乐，只是有的人不把它写在脸上罢了。而人际交往，做到这一点的确不易。所以，有人说，要把喜怒哀乐藏在口袋里，别轻易拿出来给别人看。换句话说，不轻易表露自己的观点、见解和喜怒哀乐，此所谓"深藏不露"的心机。有些人往往喜欢把自己的思想感情隐藏起来，不让别人窥出自己的底细和实力，这样对手就难以钻空子了。

（7）遵守社交基本规则，多结交朋友

首先，社交要待人以诚，因为诚实是人的第一美德。在和他人交往时，应该忠厚老实，心口如一，不藏奸，不耍滑，与人交往要坦诚，更要有一些侠骨柔肠，这样才能使人如沐春风，赢得一个好人缘。

其次，朋友交往要有一个宽容的胸怀，社交场上，眼界要非常宽阔，胸襟也要宽阔，光明磊落，襟怀坦荡，"宰相肚里能撑船"，要善于调和人际关系，顾全大局，忍辱负重，满腔热情地团结大多数人一道工作。

再次，要有一腔厚道的热肠：在处理人际关系时，要助人为乐，成人之美，急人所难，待人以诚。得理要让人，不能待人刻薄，使小心眼，"睚眦之仇必报"。别人有了成绩，不能眼红，不能忌妒；别人有了问题，不能幸灾乐祸，落井下石。

最后，现代社交更需人情味：要关心人、爱护人、尊重人、理解人。人与人相处，应当减少"火药味"，增加"人情味"。每个人要想有好人缘，就要有容人的雅量，更要有急公好义的火热心肠。

俗语说得好："多个朋友多条道，多个敌人多堵墙。"朋友交多了，你自然会从中看出社交技巧，提高社交能力。

激励人生每一天

如果社交能力强，自然朋友也多，而良好的社交可以使你"眼观六路，耳听八方"，信息灵通，遇事有人帮助，机遇就可能频频出现，自

然成功的可能性也会增加。所以，要想获得人生的成功，提高社交能力
是每个人都要修炼的课程。

5. 35岁前不能忘记的九条社交禁忌

社交的负面影响不容忽视。有的人在与人交往时说了不适当
的话，做了大家忌讳的事，以致得罪了身边的人。经验告诉我们：
要想成为社交场上的赢家，必须懂得社交禁忌，谨慎为人，缄口自
重，如此，才能发挥出社交的优势。

（1）千万不可言而无信

"君子一言，驷马难追"，中国人历来把守信作为处世、齐家、治
国的基本品质。人无信不立，如果一个人说话不算数，如果一个人的承
诺只是一张"空头支票"，那么，别人就会产生强烈的反感，这将使自
己的名誉受损，使自己的事业受挫。

常言道："一诺千金。"人与人之间的交往需要言而有信。因为
诚信是为人的根本，是与人相处的基本准则。诚信会让友谊之花开得更
艳，诚信会使生活的道路越走越宽。诚信待人，诚信处世，这是与他人
相处的基础。

如果我们在与他人的交往中言而有信，恪守信用，"言必信，行必
果"，这既是对别人负责，对事业负责，也会在社交场为自己树立一个
良好形象。这时，即使把握不了高超的语言技巧，也能够通过一番努力
取得交际的成功。在社交场上，信誉就是生命。要想获得社会的认同，

要想得到众人的敬重，首先要拿出自己的诚信。诚信是对一个人立身处世的最起码的要求。人与人之间的社会交往，是以相互信任为基础的。诚实可信、坦荡磊落，往往会受到世人的敬重。

（2）切忌搬弄他人是非

在社会中往往有这样一部分人，他们只看到别人的短处，而看不到别人的长处。当着别人的面，又不敢直言不讳地指出其缺点，而是在背后指指点点、说三道四，结果闹得人心不欢，自己的声誉也会受影响。

"众口铄金，诋毁销骨"，足见人言可畏。在社会交往中，如果时常在人前、人后论人是非，最终必将惹来更多的麻烦。和他人相处不要轻信谣言，更不能散布谣言，否则，人人会因厌恶离你而去。

（3）不要触及他人的伤疤

在社交场上，口若悬河、滔滔不绝，这自然是许多人所向往的。然而，如果口无遮拦，说错了话，却往往很难补救。因为每个人都有自尊心，批评、指责、数落的话总会对他人造成严重的伤害。

"良言一句三冬暖，恶语伤人六月寒"。一句恶意的话，说者无意，听者有心，甚至会把一个人送上绝路。近几年，报纸上有关某人因受不了恶意的诽谤而自寻短见的例子不可胜数。我国的法律还规定对故意诽谤者给予严厉的惩罚。

因此，恶言中伤他人，是一种缺乏道德的行为。一个人说话必须注意言辞口气，避免粗野和污秽。轻蔑粗鲁的语言使人感到受侮辱，骄横高傲的语言使人与你疏远，愤怒粗暴的语言有可能使事情产生不良后果。

有句老话叫作"祸从口出"，为人处世一定要把好口风，什么话能说，什么话不能说；什么可信，什么不可信等，都要谨慎。口无遮拦，信口胡言，往往容易触及他人的伤疤，给自己的人缘关系设置障碍。

（4）开玩笑要适可而止

在社会中与人相处，尤其是相知的朋友相聚，大家不免开开玩笑，互相逗乐，这样可以融洽关系，活跃气氛，增强友谊。朋友之间知根知底，无话不谈，原本是人生一大快事。不过，凡事都有利有弊，开玩笑也要合时适"度"。现实生活中因开玩笑而使大家不欢而散的事情屡见不鲜。可见，玩笑话还是应该慎重说，马虎不得。

开玩笑一定要注意措辞、场合以及对方的性格。如果对方性格沉稳孤僻，最好不要和他多开玩笑，否则，一句善意的玩笑或一句无其他用意的玩笑往往被对方看作恶意的讽刺、嘲笑，使对方对你敬而远之，甚至断交。

（5）社交中不可贪图小利

人由于贪欲不止，斤斤计较，往往只见利而不见害，结果是利也没有得到，反而损失得更多；有的两手空空，有的家破人亡，有的甚至落到死无葬身之地的处境。洪应明在《菜根谭》中这样说："能忍受吃粗茶淡饭的人，他们的操守多半都像冰一样清纯、像玉一样洁白，而讲究穿华美衣服的人，他们多半都甘愿做出卑躬屈膝的奴才面孔。因为一个人的志气要在清心寡欲的状态下才能显现出来，而一个人的节操都是在贪图物质享受中丧失殆尽。"

贪图小利的人是不会有出息的，因为他们把个人得失看得过重。过于注重个人得失，就会使一个人变得心胸狭窄，斤斤计较，目光短浅。正所谓"利令智昏"。贪图小利的人常常是"捡到芝麻，丢了西瓜"。

（6）巧诈之心使不得

巧诈就是运用欺骗的手段，使别人信服。巧诈，或许可获得暂时的成功，尤其是在一次性人际交往中，即打过一次交道之后就各奔前程，互不相干了。在此情况下，实施巧诈的伎俩常常能够欺骗和隐瞒对方，从而达到自己的目的，获得很大的利益。但是，如果长此以往，把巧诈当作交朋友的惯用伎俩长期玩用，那么一定会搬起石头砸自己的脚，弄巧成拙。

韩非子云，巧诈不如拙诚。心怀鬼胎，以别有用心的伎俩迷惑、骗取他人的信任，这种做法只适用于一次性的交际。然而朋友之间毕竟长久相处，拙诚的人貌似愚拙，却因其诚而赢得别人对他的信赖。而巧诈的人一旦露出破绽，被人识破，便会失去别人对自己的信赖，朋友会对他唾而弃之。

（7）与人交往千万别自命不凡

现代社交强调推销自己、展示自己。引人注目，常常是社交获得人缘的重要因素之一。善于交际的人，总是最大限度把自己的"闪光点"呈现于他人面前，如你伶牙俐齿的口才，渊博的知识，温文尔雅的举止，乃至于巧妙的化妆，典雅的服饰，都能给人一个难以泯灭的印象。但是，清高自负，狂妄自大，自以为是，只能是使社交变得毫无意义。

引人注目是社交成功的法则之一。默默无闻，很难收获满意的效果。一个人如果自命不凡、高谈阔论，以矫饰的表情和夸张的动作来抬高自己，那么，他往往会引起别人的反感，从而使他的身价一落千丈。在社交中，显现自己与贬低别人，其表现往往只是一步之差，关键在于把握一个适当的尺度。

既显现自己，又不贬低别人，是现代社交中一个人必须把握的行为准则。这就要求我们，当别人奋发向上、已经超过了自己的时候，要持正确的心态。欢迎别人超过自己，必然满心欢喜，并且满腔热忱地帮助别人成长进步，而需要的时候，甚至可以当"人梯"，让别人踩着自己的肩膀冲上去。人们尊敬优胜者，同时也尊重为优胜者做出牺牲的人。

（8）任何时候都不要情绪失控

情绪左右着一个人的思想感情。每个人的情绪都会时好时坏，学会控制自己的情绪是成功的秘诀。失控的情绪不仅给人际关系带来遗憾，甚至严重影响着你事业的发展。

在生活中，有的人工作态度勤勤恳恳，业务娴熟，可很难得到大家的拥戴，究其原因，是因为"情商"太低，不善于控制、管理自己的情绪。在社交活动中，外界的刺激，常常极大地震撼着他们的心，从而引起他们情绪上的急剧变化。比如有的人自以为是，容不得任何批评议论，经常怒气冲冲，向身边的人发脾气，或者为一点鸡毛蒜皮的小事就骂骂咧咧，牢骚满腹。

在社交活动中，人们都愿意和性格豪爽的人交往。在社会中与人交往，除非是致命的原则问题，否则不要让自己情绪失控。因为，情绪失控是一种歇斯底里、有失理智的表现。不论你的心情好坏，只要在别人面前出现这种情况，别人对你的评价就会大打折扣，甚至会认为你是易暴易怒，是一个"神经质"的人，这样一来，就会无形中影响你事业的发展。

（9）与人交往切忌临时抱佛脚

人与人之间的感情不是一蹴而就，而是日积月累的，朋友最不愿意接受的情况是当你用得着他的时候甜言蜜语，用不着的时候一脚踢开、形同陌路。人情要平时一点点积蓄，临时抱佛脚是傻瓜才干的事。

朋友之间，感情投资最忌讳急功近利。因为这样就变成了一种买卖，说得不好听更是一种贿赂。如果对方是一个有骨气的人，就会感到不高兴，即使勉强接受，心里却不以为然。日后就算回报于你，肯定是八两半斤，敷衍应付，不会动真心，不可能一心一意报答你。

现代社会，每个人的发展都离不开朋友，一饭之恩，往往使朋友终生铭记。日后他否极泰来，一定会加倍报答于你。

激励人生每一天

聪明的人往往善于观察社交的不利一面，然后以最积极、最有效的方法加以调整，以便建立最佳的关系，发挥社交最有利的一面。

第七章

你的形象价值百万

※ 好礼仪走遍天下 ※

讲究礼仪是与人交往中尊重对方、联络感情的一条通路。礼仪应该是发自内心、表里一致的行为，是个人文化素养、品德、品貌、教养良知等精神内涵的外在表现，是能否给他人留下好印象的关键，也是打造自己良好社会形象所必须了解的课程。

1.精通礼仪，让你的人生纵横捭阖

当今时代，礼仪是社会文明的重要标志，也是人们处世待人的准则。遵循礼仪，交际应酬就会得心应手、游刃有余，生活也会变得更加和谐、顺畅；违背或偏离礼仪，往往会事与愿违，事倍功半。拥有礼仪意识和掌握更多的礼仪知识，是我们获得成功的无价财富。从某种意义上说，礼仪已经成为一种潜在资本，成为参与激烈竞争的撒手锏。

一个很有名的剧院经理来找大仲马，一见面，他连帽子也没脱下，就开始抱怨这位剧作家，"你是不是把最新的剧本卖给了一家小剧院的经理，你也知道，这几年，我们的合作一直很不错的，你怎么忽然改变了主意？"

大仲马看着这位满胸怒火的经理，笑了笑："是有这么回事，我已经改了主意。"

经理一听原来传言是真的，立刻慌了手脚，要知道，剧院全靠着大仲马的剧本赚钱呢。他立刻换上笑容："我可以给您上个剧本两倍的价格，您还是卖给我吧。"

大仲马笑了笑说："其实你的那位同行用一个很简单的方法，就以很低的价格把剧本买了。"

"那是怎么回事？"经理狐疑地问。

"因为他以与我交往为荣，他一见到我就会脱下帽子和我说话，而且，他从来都很懂礼貌，说话也不会像您一样。"

生存是件很复杂也很简单的事情。在人生的过程中，你可以没有金钱，也可以没有地位，甚至也可以没有智慧，但你不能没有礼貌。学会礼貌待人，在尊重别人的同时你会发现自己也正被别人尊重着，只有这样做的人才能拥有人生的成功。

精通礼仪让你在生活中如鱼得水

我国素有"礼仪之邦"的美称，早在2000多年前，就已经有了比较成熟的"周礼"。彬彬有礼一向是古人所尊崇的一种处世准则。中国最早的诗歌总集《诗经》曾对此做过生动的阐释："相鼠有皮，人而无仪！人而无仪，不死何为？"

在生活中，有些人如鱼得水，灵活应变，常常左右逢源；有些人却步步倒退、四面楚歌，往往处于下坡趋势。那么影响人生沉浮的关键因素又是什么呢？显而易见：精通礼仪是不可或缺的一部分。

中国人向来深谙用礼仪来缔结友好关系的道理，恰如其分的礼仪，既能让人际关系充满温情，又能拓展个人发展空间，更重要的是，谦恭的礼仪能够使自己很快获得别人的认可，赢得别人的帮助。

20世纪70年代，英国唯高达证券公司到香港发展，委任杜辉廉为驻港代表，在业务往来中他与李嘉诚结下了不解之缘。李嘉诚在与他的商务合作中，善于为对方谋利、谦谦有礼的长者风范深深地打动了杜辉廉；同时杜辉廉文质彬彬、谦恭洒脱的办事风格给李嘉诚留下了深刻的印象，二人因此而成为很好的合作伙伴。

后来杜辉廉成为李嘉诚商场上的高参，并实际操办了李嘉诚所属公司的股票买卖，但杜辉廉多次礼貌地谢绝李嘉诚要他担任公司董事的邀请，是众多高参中唯一不支薪水者。这令重情重义的李嘉诚一直觉得欠他一份重情，总想寻机报答他的深情厚谊。而杜辉廉也被李嘉诚游刃于商场中的个人礼仪和魅力所吸引，从内心更加钦佩李嘉诚的处世和为人。

1988年年底，杜辉廉与他的好友梁伯韬共创百富勤融资公司，李嘉诚当即决定帮助百富勤公司，以报杜辉廉相助之恩。杜、梁二人各占百富勤公司35%的股份，其余股份由李嘉诚邀请包括他在内的18路商界巨头参股。

在18路商界巨头的大力协助下，百富勤发展势头迅猛，当百富勤集团成为商界小巨人后，李嘉诚等巨商主动摊薄自己所持的股份。其目的是再明显不过了，那就是让杜、梁二人的持股量达到绝对的"安全"线。

李嘉诚对百富勤的投资，完全出于非营利目的，他之所以这样做，完全是为了报杜辉廉之恩。尽管李嘉诚并不想从百富勤赚得一分一厘，百富勤公司发展壮大后，李嘉诚又将自己得到的丰厚利润返赠给杜辉廉，使杜辉廉更加专心致志地回报李嘉诚，充当李嘉诚的高参。

从某种意义上来说，李嘉诚以自己的形象与魅力得到对方的大力相助，就是将礼仪延伸到为人处世的范畴，是礼仪的最高境界。

要在人生中立于不败之地，学会以礼待人、依礼处世非常重要。同一件事，处理的态度和方式不同，得到的结果可能就会截然相反。在生活里，我们必须先摆正自己的心态，尊重每一个人。而只有做到这一点，你才有可能赢得好人缘，得到他人的信赖和帮助，为个人的发展扫除不必要的麻烦。

激励人生每一天

礼仪不仅显示一个人的素养，而且还影响人生的发展。一个崇尚礼仪的人不仅能够抓住稍纵即逝的人生机遇，更能为自己的发展"储蓄"人情，进而获取用之不竭的人脉资源；一个不懂礼仪的人，则可能在无意间错失良机，并且很难建立良好的人际关系。

2.得体的仪表是你的第一张名片

美国成功学家拿破仑·希尔说："一个人能否成功，关键在于他的心态。"成功人士都有一种积极的心态，而仪表正是这种积极心态的外在表现。仪表指人的外表，包括人的仪容、姿态、服饰、风度等。优雅得体的仪表能够增强人的自信，从而以奋发、进取、乐观的心态，去面对现实，处理人生所遇到的各种问题，这样就会受到社会各界人士的青睐。

一个成熟的人一定是有着良好的仪表礼仪的人。他们衣着打扮、举止谈吐、举手投足之间都那么含蓄、深沉、温柔、善良，给人一种亲切、怡人的愉悦和韵味，不但自己对生活充满热情，而且还能唤起别人对他的关注。

张小姐被调到北京的总公司工作，这让她既高兴又不安。高兴是由于自己有了更好的工作前景，不安则源于对是否能与新同事搞好关系的担心。上班的第一天，王小姐选择了一套既典雅又活泼的套裙，又在化妆上下了一番功夫。经理把王小姐介绍给大家后，几个热心的女同事跑过来问长问短，"你的眼影颜色好漂亮，看起来精神又不妖媚，至少两种颜色调成的吧！""欢迎你啊！你好漂亮，淡妆凸显你的气质又不张扬，有品位！"在大家的议论声里，张小姐满意地笑了，她知道自己已经被这些新同事接纳了。

讲究仪表礼仪是与人联络感情的一条通路，会给对方留下好印象。礼仪应该是发自内心、表里一致的行为，其举止、接物、待人、打扮、仪表、谈吐等无一不带有礼仪礼节高尚而诚挚的特点，是一个人文化素养、品德、教养等精神内涵的外在表现，是能否给他人留下好印象的关键。

仪表是一个人礼貌与修养的最佳体现

有些人时常认为，许多有学问的人从来不注重自己的仪表形象。其实这只是片面之见。不太注重自己仪表形象的人毕竟是少数。对于大多数在社交场合纵横的人，仪表的作用至关重要。

常言道："质于内而形于外。"文化素养高、气质超群的人，往往懂得如何修饰自己的仪表。仪表端正体现了一个人的内在修养、自尊心和品位格调，也是对交往对象的最大尊敬。

有一位美国行为学家做过这样一个实验：当他以不同的仪表在同一个地点出现时，得到的反应却是迥然相异。当他以西装革履的绅士面孔出现在陌生人面前之时，任何一位陌生人都对他礼貌有加，他也显得颇有风范；当他打扮成一副流浪汉的模样之时，与他接近的大多数则是些无业游民。在社会中与人交往，尽管"人不可貌相"，但人际交往中仪表所表达出的意义是无法用语言形容的，是一个人内在品质的具体体现。

仪表端庄已经成为人们的口头禅。一个人的素质与修养可以在仪表中得到很好的体现，仪表端庄的人往往具有很好的教养。良好的第一印象是成功的一半。两个萍水相逢的人见面后，短短的几秒钟内就能形成第一印象。许多人因为仪表不端，在社会交往中屡屡碰钉子。

 仪表有时也能决定个人成败

1960年9月，尼克松和肯尼迪二人举行竞选总统的第一次辩论。当时两个人的声望与才华不相上下。据大多数评论员估计，尼克松是经验丰富的"电视演员"，击败缺乏电视演讲经验的肯尼迪是在情理之中的事情。然而，事实却出人意料，肯尼迪最终获胜。这是何因呢？因为尼克松没有听从电视导演的劝告，再加上他精神疲惫，萎靡不振，面部化妆又用了深色的粉底，在屏幕上显现出一副疲惫不堪、愁眉苦脸的样子，最终导致竞选失败。而肯尼迪竞选之前做了大量的准备工作，还到海滩晒太阳，养精蓄锐。结果，当他出现在电视屏幕上时，红光满面、精神焕发，演讲论辩谈吐自如，最终成功夺取桂冠。由此可见，仪表的差异对比，能决定一个人事业的成败。

个人交际、个人事业的成功与否，自身的仪表起着举足轻重的作用。就拿应聘求职来说，现代企业招聘人员时，非常注重面试这一个环节，应聘者的个人仪表是面试的关键问题。因为公司或企业的员工直接与社会、与消费者接触，他们的个人形象在社会上就代表着企业或公司的形象。

日本著名企业家松下幸之助，有一次到银座的一家理发室去理发。由于过度操劳与奔波，他带着一副疲惫的样子，衣冠不整地来到理发室。理发师看到他的形象后，语重心长地对他说："你对自己的容貌修饰丝毫不重视，就如同将你的产品弄脏似的。作为公司的代表，你不注意形象，产品能够打开销路吗？"一句话将松下幸之助问得哑口无言。他将理发师的劝告牢记在心，从此后对自己的仪表十分重视。

从这个故事中我们可以看出：仪表首先能引起交往对象的特别关注，仪表礼仪通过修饰来展示，并影响到对方对自己的整体评价，其实际意义是非常重要的。在个人礼仪当中，仪表是重中之重。

激励人生每一天

一个人仪表的好坏决定着他事业的兴衰。一个仪表端正的人在社会中行走，得到的是众人的鲜花与掌声；一个仪表不端的人只会受到别人的鄙视与嘲讽，自己也不会在大庭广众之下昂首挺立，当然也难以获得足够的自信。所以说，仪表是决定个人成败的关键因素。

3.交际礼仪让你的人生更为精彩

社交场是磨炼人的"战场"。行走在社会丛林中的人，就如同一个披甲执戈、冲锋陷阵的战士。在战场上作战需要超群的军事才能和一副钢铁锻打的身板，在社交场上纵横驰骋的武器则是社交礼仪。

有这样一个片段，一个来访的客人找经理办事，秘书小刘报告经理：

"经理，客人来了。"

"哦，他还挺准时的，我马上去，我准备准备，他是什么样的人呢？刘小姐，谈谈你的第一印象。"

"经理，不好说。看他人倒还算有气质，也很守时。可他开门的声音太大了，显得粗暴、不太礼貌。"

"哦……"

经理这样"哦"的一声，可能便决定了办事的成败。这样在未见面之前，便让别人对你带着一种看法，给对方一个不好的印象。其实，大家也明白，在与人交往的过程中，行为礼貌是非常重要的，所以在平时一定要注意。

俗话说得好："礼多人不怪。"在社会中与人交往，要想成为引人瞩目的成功人士，那就需要通过礼仪来造就自己。卓越的社交礼仪能够使自己在社会中被接纳、被理解、被帮助，可以将自己置身于社会竞争中的优势地位，能够为自己的生活增添许多幸福，自己的成功之路才能更加通畅。

了解交际礼仪的特点

（1）交际礼仪行为的规范性

规范性是交际礼仪的本质特点。它告诉人们应该怎样做，而不应该怎样做；怎样做是对的，怎样做是错的。对此，交际礼仪都有明确的规定。

交际礼仪的规定性主要表现在以下几个方面：

①语言的规范性

人们无论谈论什么事都要运用礼貌语言。例如，人们见面时相互问候，告别时说声"再见"，以及在交谈中双方所使用的都是比较规范的礼貌语言。

②行为的规范性

在公关礼仪活动中，可以说，在社交应酬活动中，特别是与陌生人或不熟识的人接触，礼仪就如同一条"纽带"，使素不相识的人在短时间内彼此消除陌生感。礼仪在一定程度上就是社交的沟通语言，它比一般的语言更高雅、更含蓄，既能充分显示友谊的要素，又能让对方乐于接受。

要想成为一名社交应酬中不被忽视的英才，那就需要重视社交礼仪这张人生"王牌"。

人们究竟应该怎样施礼都有一定的规范。例如，人们见面时以握手等行为表示问候，告别时用握手、招手表示再见。关系特别的甚至以拥抱、亲吻表示问候和告别。乃至对于怎样握手、拥抱等都有严格的规定。

（2）交际礼仪范围的普遍性

交际礼仪既然是人们交际必须遵守的规范和法则，那么它的形成和发展就具有一定的历史背景。从古至今，礼仪自始至终贯穿于人们的一切交际活动中，并且普遍地被人们所接受和确认。

（3）交际礼仪形式的多样性

交际礼仪的种类繁多，表现形式也多种多样。日常交际活动中常用的礼仪就有鞠躬礼、握手礼、亲吻礼、拥抱礼等多种形式，正式交际场合中的礼仪更是多种多样，礼仪的要求也就更为严格。

了解交际礼仪的特点，是为了让我们更好地遵守并实践。交际礼仪是人们沟通思想的桥梁，在生活中，每个人都是社会舞台上的演员，既要演好自己的戏，又要善于与其他角色协调配合。人们在交往过程中，需要以礼仪这种交际手段来不断调节，按一定的规范协调人际关系。交际礼仪能使陌生人相识乃至于相知。能使相识相知的人更进一步地加深情谊。

激励人生
每一天

人在社会中生活，需求是多种多样的，既有包括物质在内的基本需求，也有包括精神在内的高层次需求。而要满足人们的这些需求，作为桥梁和协调器的交际礼仪就起到了显著的作用。因此，在实际工作中，我们应特别注意交际礼仪的运用，并通过它来促进本人或本组织的发展，树立良好的形象。

4.应酬礼仪的六条黄金法则

"世事洞明皆学问，人情练达即文章。"要想在社交应酬中广泛拓展社交范围，不懂社交应酬礼仪的"黄金法则"是行不通的。

善于社交应酬的人，往往不费吹灰之力就能将事情办妥，人际关系也会比较融洽；不善于应酬的人，尽管苦心经营，最终却是一塌糊涂。熟谙法则，经营有道，你的人际局面就能顺利打开。

（1）自信

自信是交际者必须具备的重要素质之一，它能够很好地体现出一个人的意志与力量，也是保持礼仪规范的前提。在社会中与人交往，不能过多考虑"别人如何看待我"，而应该将自己的礼节、自信充分发挥出来。心态从容，才能表达出对社交对象的友好，彼此间的交流与沟通才能很好地进行。

面带微笑是自信的表现，能给人以谦逊、真诚、友好的印象，自信可以帮助双方战胜胆怯与自卑，给自己增加一种无形的力量。自信是社交必需的因素，它又能直接表现出一个人的文明修养，以自信作基础，你就可以顺利打开社交新局面。

（2）谦逊与相互尊重

自尊心人人皆有，人人都希望受到别人的重视。因此，尊重他人，是社交应酬礼仪中必须遵循的原则。

在现实生活中，素质、修养俱佳的人往往十分谦逊。他们平和待人，尊重别人。谦逊的人总会受到别人的重视，感受到人生的快乐。

（3）理解与宽容

理解与宽容是沟通彼此内心的桥梁。摒除任性，容忍、理解别人，设身处地地为别人着想。只有做到这一点，别人才能感受到你的可信与可敬。

人与人之间如果缺乏理解，感情就不易沟通。只有让别人体会到你是真心理解他，才可能使他对你推心置腹，从而结成相互信赖的伙伴。

（4）热情与关心

很好地与周围的人相处，多为别人的利益着想。例如，你的同事生病了，你可以亲自到他家探望，他定会感激你的好意。

主动真诚地关心他人可以帮助你建立良好的人际关系。人们往往都愿意同热情的人接触、交往。热情也是相互的，不关心他人的人，同样也不会被他人关心。人生一世，困难在所难免，一个人在遇到困难时总希望得到别人的关心与帮助，被帮助者在心理上感受到慰藉时，对帮助他的人也会牢记在心。在社交应酬中，如果你拥有满腔热情的胸怀，适当关注、欣赏和赞扬别人，就可以获得良好的人缘。

(5) 真诚守信

与人交往，那些表里不一、缺乏真诚的人，有时在礼貌、礼节方面无可挑剔，但最后还是不能给人留下好的印象，不容易建立良好的社交关系。从某种意义上说，只有诚实守信的人，对他人表示尊重和礼貌，才能得到他人真正的、长久的理解与信任。

遵时守信是人际交往的"门槛"，应人之邀应该准时赴约，向别人承诺的事情必须做到。与人交往，不守时、不守信等，都是极端无礼的表现，容易引起别人的反感。如果答应别人的事没办到，别人就会对你失去信任。

(6) 遵守社会公德

社会公德往往会涉及一些细微、烦琐的事情，"勿以善小而不为，勿以恶小而为之"。判断一个人的举止文明与否，最主要看他遵守社会公德的情况。人们都在社会这个大集体中，如果没有一种共同的行为规则，社会秩序就不会稳定。

激励人生 每一天

礼仪就是行为规范，应酬礼仪也就是应酬行为规范。掌握了其中的方法及原则，就会让你在应酬中如鱼得水，游刃有余。

5.办公室礼仪的七大禁忌

　　办公室其实就是一个小社会，特别是在一个人数众多、良莠一时难辨的办公室内，如何迅速赢得大多数人的好感，尽快融入其中，营造良好的人际关系等，都是我们应该注意的问题。

要想在办公室中"行走"自如，你需要注意如下礼仪禁忌：

（1）忌不负责任

把"都是你的错"挂在嘴上，千错万错就是没有我的错。其实每个人都会犯错，主管也应该容忍体谅下属犯错，重要的是能否由错误中归纳出对的方法，下次不再重蹈覆辙。无论犯了什么样的错，通常只要勇于承认，愿意负责，都能博得大家的谅解甚至尊敬。

（2）忌情绪不佳，牢骚满腹

工作时应该保持高昂的情绪状态，即使遇到挫折、饱受委屈、得不到领导的信任，也不要牢骚满腹、怨气冲天。这样做的结果，只会适得其反，要么招人嫌，要么被人鄙视。

（3）忌零食、香烟不离口

女孩子大都爱吃零食，且以互换零食表示友好。只是工作时要注意场合，尤其在有旁人谈话和接听电话时，嘴里千万不可嚼东西。至于一些以吸烟为享受的男士在公共场合也应注意尊重他人，不要随意污染环境。

（4）忌情绪化

人难免有情绪，但是把情绪和工作搅和在一起，老是用"最近情绪低潮……"、"失恋了……"、"和家人冷战……"当作借口，主管是会反感的。要是缺乏情绪管理的本领，可以看看"心灵小品"类的书籍或许有点帮助。

（5）忌高声喧哗，旁若无人

有什么话慢慢讲，别人也同样会重视你。其实，你的文质彬彬，可以带动别人同你一起维持文明的环境。

（6）忌趋炎附势，攀龙附凤

做人就要光明正大、诚实正派，人前人后不要有两张面孔。领导面前充分表现自己，办事积极主动，极尽溜须拍马之能事；同事或下属面前，推三阻四、爱理不理，一副予人恩惠的脸孔。长此以往，处境自然不妙。

（7）忌故作姿态，举止特异

办公室内不要给人以新新人类的感觉，毕竟这是正式场合。无论穿衣，还是举止言谈，不能太过前卫，给人怪异的印象，这样会招致办公室内其他成员的耻笑。

激励人生每一天

职场生存，关键是让自己的所作所为为自身营造一个更好的发展空间。而遵守办公室礼仪，了解礼仪禁忌则是必不可少的一项课程。

第八章

祸福相生，遇事多动脑

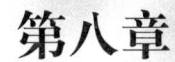

※ 人性丛林里隐藏你的弱项 ※

遇事多动脑，自己不吃亏。现实生活中，我们不去害人，更多的时候，是为了自己的生存。人生在于谋划，多动脑也可确保谋划得以成功，只有这样，人生才会不虚度，才会有所作为。

1.人生多变幻，做人有智慧

　　做人有智慧，它不是让我们在做事过程中为达目的使用不正当的手段，也不是让我们为了摘取成功的桂冠而暗中放箭。这里的智慧是做事时要有胆略，有行动前深谋远虑的眼光，是一种巧妙的计策，是让我们能更容易成功的方法和策略。

　　有一个国王长得身强体壮，然而，遗憾的是，他的一只眼睛是盲的，而且走起路来还有些跛。正因为国王的自身有缺陷，所以他的脾气有些古怪。

　　一天，他忽然心血来潮，召集了三个画师为他画像。

　　三个画师看到国王以后，都有些为难。试想，国王的这副长相的确很难恭维，该画成什么样的呢？经过一番思考后，几个画师都拿起了画笔。

　　一个时辰后，国王命人把画呈了上来。

　　其中，第一个画师画的完全是国王真实的样子，一个眼睛是盲的，一条腿长一条腿短。国王看后非常生气，满脸愤怒地说："我长得有这么难看吗？我看你是有意与我过不去，恃才傲物，连国王都不放在眼里。"于是，第一个画师被推出去斩首。

　　第二个画师看到第一个画师的下场后，不禁露出了笑容。因为他笔下的国王英俊魁梧，想想自己肯定能得到国王的赏识。然而，结果并不如他所料，国王看过第二个画师的画依然非常生气。他说："你这个曲意逢迎，溜须拍马的家伙。"就这样，第二个画师也被斩首了。

　　国王生气地展开第三张画卷，他的脸上立刻堆起了笑意，并立刻赏了画师一袋金子。原来，第三个画师画的是正在打猎中的国王，只见他那条瘸腿跪在地上，一只手放在上面托着枪。一只眼睛紧闭着，正在做着瞄准的姿势。

现实中的一些事情就是这个样子。那么，我们该采取什么办法呢？这就需要我们的头脑快速反应。就像这几位画师一样，前两位画师的技法不一定不高明，但由于他们没能揣摩出国王的心思，未能在危险的时候表现出一点聪明的机智，结果糊里糊涂地掉了脑袋。而第三个画师之所以被赏识，正是因为他既没有给国王写实，也没有夸大国王，而是将国王的缺点巧妙地设计到了"打猎"之中，也就是这一点聪明劲儿，让他非但没有被杀头，还得到了一袋金子。

激励人生
每一天

真正成功的人，绝不是单纯得可爱的人，而是充满智慧的人。做人有智慧，不需要刻意去表现，但能在关键时候扭转局面，运用自如。其实，也只有这样做人，才能游刃有余地做事，无往不胜，所向披靡。

2.隐藏自己的棱角

人大都有表现自己聪明的欲望，但这种欲望常使自己备受众人的关注，使自己陷入被人防范之列。所以，做人还是有一点防备，懂得适时隐藏自己的棱角，这样才能趋福避祸。

聪明人在人际交往中会懂得隐藏自己的棱角，圆润通融；在琐碎的生活中难得糊涂，大智若愚。

刘备在许都时，被曹操所钳制。一天，刘备正在后园浇菜，曹操派人来请刘备，说有紧急事商议。刘备暗暗吃惊，就去见曹操。曹操笑着说："在家做得大好事！"

刘备吓得变了脸色，以为自己露出了什么蛛丝马迹。曹操却拉着他的手说："你学种菜可不容易呢！"刘备一听他如此说，这才放下心来，说："闲来无事，消遣而已。"

曹操说："刚才在园中看到梅子成熟，不能不尝。我正叫人在园中煮酒，邀请你一同品尝。"

刘备这才放下心，和曹操对饮。酒喝到一半，忽然间雷雨大作，远处正刮起龙卷风。两人都靠在栏杆上观看。曹操试探刘备，故意问："你知道龙的变化吗？"

刘备沉默。曹操见刘备不答，接着说："龙能大能小，能飞能藏，升起时在宇宙间飞腾，隐蔽时在波涛内潜伏。龙的变化，可比人世间的英雄。你见多识广，必定知道当世英雄，请给我说说哪些人能配称英雄。"

刘备只得列举一些连他自己都看不上眼的人来，如淮南的袁术、河北的袁绍、江东的孙策、益州的刘璋，等等。曹操都嘲笑一番："不是坟中的枯骨，就是看门的家犬；不是虚名无实，就是碌碌小人。这些人没有一个称得上英雄。"

刘备只得说："除此之外，我确实举不出了。"

谁知曹操却指指刘备，再指指自己，说："当今天下英雄，只有你我二人罢了！"

刘备猛吃一惊，慌得连手里的筷子都掉到地下。正好空中响起一阵惊雷，刘备从容地从地下捡起筷子，掩饰说："雷的威力竟有这样猛，把我的筷子都吓掉了！"

曹操大笑，说："大丈夫也怕雷鸣吗？"

刘备说："古人说过：'迅雷烈风必变'，怎不令人畏惧呢！"这样一说，便把因为听了曹操的话吓得丢了筷子的事，轻轻掩盖过去了。

曹操通过这次的试探，感到刘备并不像原先想象中那样英雄，也就减轻了对他的疑虑。殊不知，正是曹操的棱角尽现，让刘备早就识破了曹操"煮酒论英雄"的真实意图，识破了曹操借此时机对自己的种种试探。也正是刘备懂得隐藏棱角，才让曹操放松了对刘备的戒备。

第二天，曹操忽然得到消息，河北的袁绍要当皇帝，淮南的袁术也要去投靠袁绍。曹操有些担心，刘备对曹操说："袁术若去投奔袁绍，必从徐州经过。请给我一支军队去拦截，把他抓来。"

曹操自然同意，第二天就拨给刘备五万兵马，刘备立刻挂了将军印，催促部队快走。关羽、张飞在马上问道："兄长这次出征，为什么这样慌张？"

刘备回答说："我在曹操的掌握之中，乃是笼中鸟，网中鱼，这次出征对我如同鱼入大海，鸟上云霄，不再受网的束缚了。"刘备刚刚离开，曹操就意识到不该放走刘备，但为时已晚。

隐藏自己的棱角，让刘备顺利地摆脱了曹操的控制，得以到广阔的天地去施展自己的雄心大略，最后成为三分天下的一国之君。而我们如果仔细观察身边的人和事也能够发现：那些善于隐藏自己的人，都是生活中的强者，事业上的成功者。他们身处困境时，能产生与之奋斗的力量；他们遇到危机时，能找到解决问题的方法；所以总能紧紧把握住自己的命运，一步步走向成功。

激励人生每一天

人生之旅，变幻莫测；命运之途，荆棘丛生。做人如果不懂得隐藏自己的棱角，就等于把自己完全暴露于斗争之中，这样很容易为人所掌控，被别人所防范，从而大大降低成功的概率。

3. 为自己留条退路

人不是生活在一时一刻，也不是与人只有一次接触，懂生活的人懂得给自己留退路。事实上，这表面上是宽容了别人，而实际上

你在宽容别人的同时，也是在为自己留余地。否则，做人就会进入
死胡同，使自己前无出路，后无退路。

仲夏的阳光照在山冈上。一只略显瘦小的孟加拉虎纵身跳下山冈。
先是长长地伸了一下懒腰，随即发现了一只小鹿，便俯身向前冲去。小
鹿也看到了老虎，顿时吓得魂飞魄散，迅速奔跑。老虎虎步生风，一个
纵身前跃，小鹿在劫难逃。老虎将小鹿咬住，但并没有急于享用，将活
物几次戏耍玩弄，最后小鹿终于没了声息。

整个过程没有想象的那样惊心动魄。就在这个时候，一只野兔蹿了
出来。不知道这只灰色的兔子在这座山上住了多久，竟然在如此坚硬的
石头缝隙间凿了洞，而老虎始终对它无可奈何。

兔子是食草动物，在自然界中属于弱者，但弱者也有保护自己免遭
伤害的办法。兔子的栖身之所常常不只一处，并且处处相连，一旦遇有
危险，可以从多条后路逃走，所以人们常说，狡兔三窟，进退自如。狡
兔尚且如此，更何况有心机的人呢？有心机的人总能在最危险的境地给
自己找到最安全的退路，以最小的损失来让自己全身而退。

留条退路是为了更好地前进

所有的事情都会有起因、经过与结果，每一个时期都会表现出不
同的特点和状况。有心机的人能体察到事物发展的全过程，从头到尾，
从起因到结果，把握来龙去脉，然后他们会根据形势发展随时调整自己
的应对策略，改变自己的预定方案。他们不会一味地墨守成规，认死理
儿，到头来弄得身心俱疲，失掉成功的机会，甚至丢掉身家性命。

司马懿出身大士族家庭。曹操刚刚掌权的时候，曾经征召司马懿出
来做官。司马懿嫌曹操出身低微，不愿意应召，却也不敢得罪曹操。足
智多谋的司马懿想出了一个两全其美的办法，就假装得了风瘫病。老谋
深算的曹操怀疑司马懿有意推托，派了一个刺客深夜闯进司马懿的卧室
去察看，果然看到司马懿直挺挺地躺在床上。

刺客为了打探虚实，拔出佩刀，架在司马懿的身上，可司马懿也真有一手，只瞪着眼望了望刺客，身体却纹丝不动。刺客这才收起刀向曹操汇报去了。

正是给自己预备下了退路，让司马懿有条件可以选择不为曹操做事，在环境不利于自己时，有机会减小损失，保全自己，耐心等待时机。

有心机的人做事都有两手甚至三手准备，紧要关头他们会权衡利弊，为顾全大局他们会拿得起放得下，为成为最后的赢家，他们更能开动脑筋想出种种办法、各种策略，为自己找活路、留退路。

> **激励人生每一天**

要学会适应环境、学会宽容别人、学会忘记过去、学会原谅自己，这样才会在生活中游刃有余，才能看清生活中更为精彩的所在。

4. 心有锐气，不露锋芒

露才过甚，从来为智者所不屑。巧妙地掩饰是赢得成功的最好途径，做人有心机，不仅要战胜盲目自大的病态心理，凡事不要太张狂、咄咄逼人，更要养成谦虚的美德。

广阔的大草原上，非常寂静，没有一丝声音。忽然，出现了一只正在寻找猎物的狮子。突然，狮子放慢了脚步。原来在不远处，有一群正在闷着头吃草的野牛。狮子的眼睛顿时发亮了，精神也来了。它把腰伏下，在青草的掩护下，悄悄地向野牛群一步步挪动着。

越来越近了，野牛们丝毫没有察觉到自己已经成为凶恶的狮子的目标，依然悠然自得地啃着青草。终于，狮子进入了捕捉范围。它一跃而起，箭一般冲向了野牛群。看着从天而降的天敌，野牛惊慌了，既而四散逃命去了。瞄准其中一只还没成年、身体不是很结实的野牛，狮子拼命地紧追。

虽然惊恐万分，但是为了活命，野牛还是拼命奔逃着，并且在瞬间思索怎样才能摆脱狮子的追赶。每当快要被追上时，野牛就拐个弯，这样它和狮子就能拉开一段距离。但是野牛的体力还是没能战胜饥饿的狮子。十几分钟后，狮子和野牛之间的距离越来越短。

突然，野牛猛地一个急刹车，然后突然转身，用锋利的犄角对准了急速赶来的狮子。见此情景，狮子也慌忙停住了脚步，四处巡视着，想寻找进攻的机会，但是野牛的犄角却始终对着它，让它没有下嘴的地方。

就这样，狮、牛对峙着，气氛十分紧张。突然，野牛好像要主动出击似的，向前迈了一步，更意外的是狮子，它竟然向后退了一步，并四肢朝天，仰着头看着野牛，俨然一只受惊的小猫。狮子的"懦弱"让野牛顿生豪气，它立刻用犄角向躺在地上的狮子狠狠地顶了过去……

看到这里，很多人都会以为狮子丧生于野牛锐利的犄角下，但是接下来的事情更让人深思。足足有三秒钟，野牛硕大的躯体都没有动。之后，野牛健壮而庞大的身躯无力地慢慢倒了下去，没有丝毫挣扎。原来，狮子的利齿已经紧紧地咬住了野牛的喉咙。

胜与负，生与死，仅仅在三秒钟内就决定了。

这个场景中，野牛的惨死只不过是自然界弱肉强食的规律而已。但是，看过之后，我们不能不想：难道狮子的胜利，是因为牙齿比野牛的犄角锋利吗？应该不是。如果没有机智地倒地，假装锋芒尽失，狮子也不会那么容易得逞，而野牛也不会不经过一番生死较量就这般"不明不白"地轻易死去。

不露锋芒可以有效地保护自己

隐藏做人的锋芒就是不用把自己的能量浪费在无谓的人际斗争中。即使你有满腹的才华，即使认为自己的能力比别人要强，也要保持低调，这是一种能量的内敛，也是保护自己的有效手段。

如果做人居功自傲，盛气凌人，难免会引起别人的忌恨，成为众人的靶子，总有一天会招来麻烦。而不露锋芒，就要不喧闹、不矫揉造作、不故作呻吟、不假惺惺、不卷进是非、不招人嫌、不招人忌；谦虚谨慎，则可让自己在这喧嚣的世界里平安做人。

"指挥皆上将，谈笑半儒生"的徐达，出生于濠州（今安徽凤阳）一个农家，儿时曾与朱元璋一起放过牛。在其戎马一生中，有勇有谋，用兵如神，为明朝的创建立下赫赫战功，是中国历史上著名的谋将帅才，深得朱元璋器重。

但是，就是这样一位战功赫赫的人，平时却尽量收敛锋芒。徐达每次挂帅出征，回来后立即将帅印交还，回到家里过着极为俭朴的生活。按理说，这样一位儿时与朱元璋一起放过牛的至交，且战功赫赫，完全可以"享清福"。朱元璋为了奖励徐达，就想将自己的旧邸赐给他。朱元璋的这所旧邸，是其登基前当吴王时居住的府邸，可徐达死活不肯接受。万般无奈的朱元璋请徐达到旧邸饮酒，将其灌醉，然后蒙上被子，亲自将其抬到床上睡下。徐达半夜酒醒，当知道自己睡的是什么地方后，连忙跳下床，伏在地上自呼死罪。朱元璋见其如此谦恭，心里十分高兴，命人在此旧邸前修建一所宅第，门前立一牌坊，并亲书"大功"二字。

身为统帅的徐达，能处处与士兵同甘共苦。遇到军粮不济，士兵未饱，他也不饮不食；扎营未稳，他也不进帐休息；士卒伤残有病，他亲自慰问，送药治疗；如有士卒牺牲，他更是重视并筹棺木葬之。将士对他无不感激和尊敬。

原本可以声色犬马的徐达，平生却无声色酒赌之好，"妇女无所爱，财宝无所取，中正无所疵，昭明乎日月"。朱元璋赐予他一块沙洲，由于正处于船只水路必经之地，家臣以此擅牟其利，徐达知道后，马上将此地上缴官府。

徐达深谙为人处世之道，不论做了多大贡献，也不邀功，也不请赏。因为他懂得，不管官有多大，自己有多大本领，都要收敛锋芒，所以他才会得以善终，若他同韩信一般，居功自傲，不知收敛，朱元璋定会将其杀之而后快。

徐达死后，朱元璋为之辍朝，悲恸不已，追封为中山王，并将其肖像陈列于功臣庙第一位，称之为"开国功臣第一"。

激励人生每一天

所谓"花要半开，酒要半醉"，凡是鲜花盛开的时候，不是立即被人采摘而去，就是衰败的开始。人生也是这样。当你志得意满时，切不可趾高气扬，目空一切，不可一世，这样只能让人将你当成靶子。做人要有"心机"，就要做到不露锋芒，既有效地保护自我，又能充分发挥自己的才华。

5.35岁前要出色，审时度势很重要

古人做事讲究"适时而起，相机而动"，这一点对于今天的人们来说，仍具有重要的指导意义。谁都希望自己做个出色的人，做人要有心机，也就是告诫人们，做人一定要懂得审时度势，否则就会自找麻烦。

有一个这样的笑话：

有位总经理这一天找人事科长谈话，对他说：

"在我们这个公司里能找出这样的人吗？他既年轻又能干，工作积极主动，并能在未来的某一天接替我。"

人事科长说："公司里人才济济，这样的人应该有，我回去马上给您找。您是要提拔他吗？"

经理一挥手说："找到后马上开除！"

这虽是个笑话，却给我们留下了很多思考。做人要出色，这大概是很多人都有的理想。然而，努力做事的同时，还要懂得观察和适应形势。两个人用同一种办法，去做同一件事，却会有不同的结果，甚至是截然相反。其中的玄机就在于此。

审时度势才能让你更出色

现代人已进入竞争时代，每个人在学历、能力方面的差异也在不断地缩小。我们能出人头地，更多的已经不是硬件方面的差异。既然不能改变大环境，就要改变自己。也就是说，决定你成功或失败的关键在你自己，每天都增加自己的才能，每天学一些新的知识，就是在积极地改变自己。只有根据时代的需要审时度势，才能做得更好。

战国时期，秦国的老将王翦为秦朝统一六国立下了汗马功劳。这一年，王翦又率领60万军队讨伐楚国，秦始皇亲自为大军送行。这时，王翦忽然向秦始皇提出了一个要求，请求秦始皇赏赐他大量土地宅院。

秦始皇有点搞不懂王翦的意思，不以为然地说："老将军只管领兵打仗，你是秦国的功臣，我怎么能让你受穷呢？"

王翦回答说："当国王的大将，虽然地位显赫，却不能封侯，因此，我想在大王还宠信我的时候，请求封我良田美宅，好作为我子孙后世的家产。"

秦始皇听后觉得这点要求相对于统一六国来讲简直就是微不足道，便一笑了之。

王翦带领军队进了函谷关，还惦记着那点地产的事，接连几次派人向秦始皇提出地产的要求。王翦的手下百思不得其解。因为，他们的将军本不是个爱好钱财的人，便问他说："将军如此三番五次地恳请田宅是为什么呢？您本不是如此功利之人。"

王翦答道："我倒不是功利之人，但秦王这人生性猜疑，不信任人。如今他让我率领秦国几乎全部的军队出征，我不借此机会多要求些田宅，以示忠心，他能相信我吗？"

第二年，王翦率军攻下楚国，俘获楚王。秦始皇满足了王翦的要求，赏了他良田美宅。还将他封为武成侯。

王翦率领秦国大部分兵马出征，肯定会让秦始皇心生怀疑。王翦在这时索要田地，他表现出一个贪财的形象，以证明自己并无二心，打消秦始皇的疑窦，这正是他的聪明所在。

**激励人生
每一天**

一个只知道闷头苦干，而不知抬头察看的人，往往是一个不识眉眼，难以把握做人分寸的人。在很多情况下，这种特点只能是让自己吃亏。而要做一个出色的人，则必须是既要努力，同时又把握住努力的方向，用对方法和技巧，才能让你更成功。

第九章

掌握解决问题的能力

※ 方法总比问题多 ※

　　一个人的日常工作、生活中会遇到各种各样的事情——求学、求职、升职，等等。遇到并解决这些事情也就是办事，会办事的人做起事来顺风顺水，人生事业一马平川，这也是每一个人都在努力追求的境界。然而，没有人生下来就是办事的行家里手。办事的能力是在挫折与失败中磨炼出来的；办事的智慧是在人际交往中不断思考得来的；而办事的技巧一般是在成功与胜利中总结出来的。生活中少有办不成的事，只有办不成事的人。所以，要想办成事，我们就必须掌握一定的办事技巧。

1.会办事是成功人生的资本

办事是一门学问，也是一门艺术。如果我们掌握了办事的技巧和方法，也就拥有了人生成功的资本。

人的一生中要面对各种事情，包括公事私事、好事坏事、难事急事、琐事杂事，等等，只要活着，就要解决这些事情，就要面对其中的各种是是非非。

一个人要想在社会上立足，就要学会办事。俗话说，人生不如意事十之八九。任何一个人，若要活得精彩，就绝对少不了能办事、会办事、办难事、办大事的能力。

我们可以没有很高的学识，没有很好的背景，但当我们掌握了办事的方法，就会在没有机会时创造机会，把别人眼里不可能办成的事变为现实。反之，即使你有很优越的条件，依然会事倍功半，甚至是一无所获，白白浪费掉自己的资源。办事的能力对每个人都是至关重要的，它对于事业的发展、理想的实现、生活的幸福等，有着举足轻重的影响。

 一个人的成功与否，取决于他的办事能力

人生如山，而各种事情就是登上此山唯一之路的台阶。只要我们选择了活着，就得去攀登人生的高山，就得不断地征服生活中的各种事情。

活着就不可能无事，大到治国安邦，小到衣食住行。无论我们选择什么样的活法，有些事情我们可以不想不做不关心，但有些事情我们却无法逃避。

对于人来说，我们每个人所拥有的机会都是均等的。我们这一辈子都有名满神州、富甲天下的可能，也有囹圄苟活、穷困潦倒的可能。前者与后者之间的差别又取决于什么呢？运气、心态、性格、学识还是机会呢？可能与这些都有关。但还有一点不能忽视，那就是他发现事情与解决事情的能力。

一个人一生成功与否，是看他一生做了什么事情；一个人存在的价值高低，是看他解决什么事情。也就是说，我们的成功要靠做成什么事情来证明，我们存在的价值的大小靠能解决什么事情来体现。

做事情与解决事情，可以归结于两个字：办事。

我们的成功，是靠我们不停地办事、办成事，最终实现自己的人生目标。这就需要我们不断提高办事的能力。只有我们首先成为办事高手或者办事艺术家以后，才会有我们的成功，才能达到事业的巅峰。

办事能力是成功所不可缺少的资本

这是个竞争无比激烈的时代，是多"事"的时代，如果我们想立足于社会，做出一番成就，就必须会办事，能办事，能办大事。一定的办事能力，会使你在追求成功、实现梦想的道路上一帆风顺、收放自如。能在没有条件时创造条件，能把困难变成机遇，能化绝境为坦途。

生活中，我们要办的事有很多，有的是我们熟悉的，有的也可能是我们感到非常陌生和棘手的。但是无论怎样，我们的目的都是要把事情办成办好。能否把事情办成办好，在很大程度上取决于我们的办事能力、办事技巧和办事的方式方法。

办事的能力是成功所不可缺少的资本，如果缺了这个，即使有了一切成功的条件，我们也会事倍功半，甚至一无所获，白白浪费掉或者失去自己已有的资源。结果我们干了很多活，出了很多力，流了很多汗，甚至还流了血，但是我们依然是屡做屡败，一败再败。所以说，是否具有很强的办事能力，能否把所遇事情办好，对于每一个人来说都是至关重要的。它对于我们事业的发展，理想的实现，生活的幸福，也有着举足轻重的影响。基于这些，提高自己的办事能力，增强自己的办事技巧，灵活掌握及运用办事的方式方法，就显得迫在眉睫，刻不容缓。

　　每个人都不是生来就是办事的行家里手，办事的能力也是逐步提高的。学会和掌握办事的方法有很多，可以摸石头过河，边探索边总结；可以吃一堑长一智，等等，我们需要不断增强自己的办事能力，迅速积累自己的办事经验，掌握多种办事方法。这样才能在人生路上少走一些弯路，多一次马到成功，少一次事倍功半。

激励人生
每一天

　　只要我们能办事，会办事，巧办事，就会在没有机会时创造机会，就会把别人眼里的不可能变成自己手里的现实，就会书写属于我们自己的神话和传奇。我们会因为自己能办事、会办事，从而轻松地取得理想中的名誉、地位和财富。

2.世上无难事，只怕有心人

　　俗话说："世上无难事，只怕有心人。"这句话用在办事上再合适不过。人生不如意之事常十之八九，我们在日常办事的时候也是一样，一生中难免会遇到各种各样的困境，而坚韧的毅力，正是我们办事成功、走出困境的法宝。

　　某校长治校有方，学校教学质量好，每年考上重点大学的人数很多，甚至超过了市里的重点学校。于是，很多家长都非常希望让自己的孩子到这个学校读书，但是，学校资源有限。所以每到9月1日新学期开学前，他必定东躲西藏。

白天在学校，他让两个很负责的门卫挡住所有的关系户。但电话挡不住，于是规定，凡是找校长的电话，一律答复"校长开会去了"。有人到家来找，也由家人通知：校长不在。这样一来，校长的确清静了许多。

不过，很快就遇上一位有"心"的家长，一个孩子的母亲直接找到了校长家中，听说校长不在家后，沉默了一会儿，说："我就坐在门口等他。"说完，就坐在楼道台阶上等了起来。

校长妻子并没有当回事，关上门，做自己的事。直到很晚的时候，她察觉门外有动静，打开门一看，见那位母亲还坐在台阶上。

"你怎么还不回家？"

"等校长呀，我想，校长再忙，可总要回家睡觉的吧。"

"不过，有时也可能不回来。"校长妻子以为这句话可能会把这位母亲的决心打退。

"那没关系，反正今天我一定要见到校长。我家孩子本来够分数线的，不知道为什么被挤了下来，我只是想找校长要个公平，我一定要见他。"她坚决地说。

她们又交谈了几分钟，校长妻子被这位母亲诚恳的语言所打动，将其请进屋里。对她说："其实校长一直都在家，只是找他的人太多了，校长也是实在没有办法。"

这位家长见到了校长，向他说明了孩子的情况。校长对她说："对不起，让你等了这么久。明天我一定给你查明原因。你先回去吧。"

第二天上午的时候，她又到了学校。这次，她没有去找校长，而是一直在学校的办公楼前徘徊。校长看到这一幕，体会到这位母亲的良苦用心，立刻打电话向有关部门反映此事，结果证明只是一时的疏漏，并答应迅速解决。

校长于是告知她，这次可以放心地回家等通知书了。

世上无难事，只怕有心人。当你真正把心思完全放在事情上，就能找到更为有效的办事方法。同时，你也能坚持把事办好，有着不达目的不罢休的勇气。

聪明人在办任何事的时候都有信心完成它，他们有着强烈的成功欲望。正是这种欲望，化成一种积极的情绪，它能帮助人们释放出无穷的热情、智慧和精力，进而帮助我们将事做成。

那么，我们在办事的时候，怎样才能称得上是个"有心人"呢？

（1）办事要有积极主动的态度

要想达到办事目的，就需要我们积极主动。积极主动的人都是不断追求的人，他凡事都积极面对，积极承担，直到把事办好。而那些消极被动的人，往往愿意给自己找借口拖延，遇到难办的事，总是能拖则拖，能躲则躲，最后一事无成。

（2）办事要有魄力

魄力令我们积极振作，勤奋不懈，勇于挑战生活中所遇到的各种事情。魄力是一种精神力量，也是我们办事的一种智慧，它能引导我们走出暂时的困境，看到新的远景和新的希望。

（3）办事时一定要相信自己

世上无难事，只怕有心人。这句话中的"有心"，也可以理解为信心，一种成功的信心，相信自己能办成事的信心。有信心的人办事的时候，总是显得稳健镇定，仪态优雅，从容机智；缺乏信心的人则优柔寡断、犹豫不决。信心是我们办事时的舵，它维持精神方向；信心还是信念的存储器，让我们敢于承办各种事情。

（4）办事时要善于思考

"有心人"办事时，善于全面思考问题，为办事成功做出最大的努力。这种人思考的结果是：他们总能找到办事的方法和技巧，为顺利办事找到最简捷的途径。任何难事在周密地思考后，都可以变得简单。所以，善于思考的人更容易将事办成。

第九章　掌握解决问题的能力

(5) 有坚持到底的勇气

坚持到底的勇气是办事成功的前提和基础。当前进受阻出现僵局时，我们的直接反应通常是烦躁、失意，甚至发怒。然而，这无助于事情的解决。我们应理智地控制自己，用坚持的勇气化解这些，从而达到把事办成的目的。

**激励人生
每一天**

聪明人在任何时候都是"有心人"，他们留心事情的发生和发展的过程，运用自己的精神和智慧迎接一切挑战，他们最终以自己顽强的毅力和做事技巧，达到自己的办事目的。世间没有什么解决不了的难题，只要真正用心去面对，任何难事都可以迎刃而解。

3.办事要讲究情理交融

一个办事高手，在说话时十分重视入情入理，以情动人。缺乏情感的话，往往不能使人动情。只有富有感情，办事才更容易水到渠成。

有这样一个故事：

一个青年人因高考落榜想自杀，他的父母和亲戚劝说了很久，并没有说服他。于是，父母便请村里的一位老汉帮忙劝说，老汉是这样对他说的："小伙子，大家如果都和你一样想，我早就该死了！我今年都75岁了，一辈子单身过日子。但我心里却是暖融融的，想多活几年。因为我觉得活着很快乐。我用这双布满老茧的手种过庄稼、修过路、修过水库，还栽过果树……当我栽下每一棵果树的时候，就会想，我死了以后，村里的人在我亲自栽的树上摘果子吃，他们一定会说，这是以前村里的单身老汉留下的财富……"

这位青年人听完老汉的述说，从老汉坎坷的人生经历中，寻找到生命的意义。他发誓再也不寻短见了，要乐观自信地面对人生、面对未来。

这位老汉通过分析自己的人生，给青年人增添了活下去的信心，给了青年人推心置腹的亲切感、信任感和平等感，从而让青年人心甘情愿地放弃了自杀的意图。

正因为老汉以自己的亲身经历和遭遇劝导青年人，情真意切，才引起了情感共鸣，使青年人欣然接受了他的劝告。

以情感人最容易办事成功

有位老妇人准备去法院状告她的子女，原因是几个子女一直对她不够好，虽然她与小儿子同住，但却经常受到他的呵斥，其他的子女也对此不闻不问，甚至每次给赡养费的时候，也都非常不耐烦。

这种家务事是最难处理的事情，法院也很头疼。俗话说，清官难断家务事，每次调查取证的时候都是各说各的理。法庭调解无效后，准备开庭。正在此时，一个新来的律师询问了此事，愿意无偿为老人做调解。

律师到了老妇人家后，召集几个子女召开了家庭会议。他没有刻意强调谁是谁非，也没有对子女不情愿的表情给予批评。

他说了这样一段话：这是你们小时候的全家福照片，可以看得出来，那时候你们的母亲也是美丽的。从她灿烂的笑容里，我们可以断定，她也曾经是幸福的。可是，现在你们的母亲青春不再，满脸皱纹，甚至行走也不方便。她失去了美丽的容颜和健康的身体，这是岁月的无情。但是，请你们想一想，母亲的脸上是怎样为你们刻上了深深的皱纹，母亲弯曲的脊梁曾经怎样为你们支撑一个家……

话才说到这里，她的几个子女已经泣不成声，他们承认了自己的错误。

律师的高明之处在于，他没有在各自的理由上争辩，而是巧妙地运用感情，化解了双方的矛盾，避免了一场官司。这件事被随行的记者报道后，为律师赢得了很高的声誉，他的业务也迅速开展了起来。

在办事时，能够调动他人的感情，赢得他人的同情和理解，无疑是让自己办事顺利的一种有效的方法。人心都是肉长的，仁慈和同情是每个人都有的情感，能够准确地利用这一点，办事就会顺利得多。

 融情入理，用真情打动人心

历史上有这样一个故事：

孙叔敖是楚国的宰相，他一生清正廉洁，两袖清风。他死去后，他的儿子由于年龄小，生活十分困难。

艺人优孟十分同情他，于是便穿上孙叔敖的衣服，模仿他活着时候的言行举止，来到楚庄王面前，摇头晃脑地唱道："贪官不可做而可做，廉吏可做而不可做。贪官行为卑鄙，然而子孙却享受不尽荣华富贵。廉吏行为高尚无比，然而一朝身死，后世子孙却一贫如洗。劝世人不要学孙叔敖，楚王是不会同情廉吏的。"

楚庄王听完优孟的歌声后，潸然落泪，便立刻召见孙叔敖的儿子，并将寝丘封给他做采邑。

可见，与人办事时，重视入情入理是成功的关键。说话时缺乏情感，往往不能使人动情，别人则不会乐意为你办事。

激励人生每一天

人是理性的，也是有感情的。当你在办事的过程中，能入情入理地分析事情的前因后果，并能真诚地表达出来，感染他人、打动他人，办事就相应容易得多。

4.灵活的方法使办事容易成功

　　很多办事成功的人说："灵活是办事成功的关键。"在办事的过程中，我们应该意识到办事方法具有多样性，达到办事的目的是终点，而办事的方法是多种多样的。所以，我们要懂得灵活掌握各种办事方法，能够在办不同的事中，运用最有效的那一种。

　　张强刚刚收到了到国外去继承外祖父庄园的通知。于是，他立刻收拾行装赶往国外。然而很不幸，就在他刚到达庄园的当天晚上，一场雷电引发的山火将庄园几乎化为灰烬！面对焦黑的树桩，张强欲哭无泪。

　　他是孤身一人来到国外的，在这个国家里举目无亲，但他并不想让庄园毁于一旦，决心倾其所有也要修复庄园。于是，他向银行提交了贷款申请，但银行基本上没有犹豫就拒绝了他。他又打电话求助于国内的亲友，但是，他们的那点钱无异于杯水车薪……

　　所有可能的办法他都想过了，但还是找不到一条出路。他真想放弃这个本来就是意外得来的庄园，或者干脆将这庄园卖掉回国算了。但是，想到外祖父的嘱托，他又放弃了这一想法。

　　一个多月过去了，张强一直筹划着怎样让庄园再现生机。他的母亲打电话来，对他说："办法总会有的，关键是你用的办法对不对。你再坚持一段时间。"

　　母亲的电话给了他信心，于是，他决定到其他庄园去看看，至于钱的事，他相信会有办法的。在他逛了一天回来时，看见一个街道的店铺前有好多人，他走进去看了一下，原来是很多家庭妇女在买木炭，那一块块木炭让他眼睛为之一亮，他终于找到了方法。

　　在接下来的时间里，他雇用了几名烧炭工，将庄园里烧焦的树加工成木炭，再送到木炭经销店。结果，他因此有了第一笔收入。于是，他用这笔资金买了新树苗。

以后的日子，他领悟了一个道理，那就是办事要灵活。他开始小额贷款，迅速归还，创建自己的信誉度，最后成功地在银行获得贷款，扩大庄园的规模；他没有单一地在庄园上搞种植，而是将庄园搞成了当地的旅游热点……

几年后，他的庄园已经很有名气，是当地的旅游热点。当然，这也为他带来了丰厚的收入。张强的成功，与他学会灵活办事不无关系。在他没有成功前，申请贷款、求助亲友都可以说是一种方法，遗憾的是都没有成功，而他后来选择了加工木炭，无疑就是找到了正确的方法。而后，他又通过各种方式提高自己的信誉度、庄园的知名度，最终走向了成功。

从这个例子我们可以看得出来，办事的时候，可以有无数种方法。关键是，我们要灵活机动。这种方法不行，立刻要换另一种，直至找到最适合、最有效的方法。

要想办事成功，必须掌握灵活的办事方法

俗话说"条条大路通罗马"，意思就是说，目的是一个终点，而到达目的地的方法却有无数种。这就需要我们办事要灵活，当其中一种不奏效的时候，一定要立刻去想其他的办法。那么，我们在办事中，应怎样才能做到办事灵活呢？

（1）灵活办事时需要有好的心态

任何有效的办事方法，都是不断尝试出来的。办事时，我们需要有好的心态，积极地面对问题，而不是尝试了一种方法失败后就逃避问题。每个人在做事过程中，总有许多挫折相伴，无论怎样坚强的人都难免产生沮丧心理。而聪明的人懂得适时调整自己的心态、磨炼自己的意志，让自己对办事成功有一定的信心。

（2）多构想几种解决问题的途径

在办事时，应该把各种可能出现的状况都分析出来。分清事情的轻重缓急、主次、难易程度，将办事的方法做个简单的构想，将可行的、有效的方法归纳出来。就像我们要去某地，可行的方法有坐飞机、火车、汽车等，这都是可以到达目的地的方法。只有有了这些方法，才能向目的地行进。

（3）不断地尝试各种不同的方法

当我们没有确认自己失败之前，任何人都没有权利宣布你的失败。很多时候，办事成功都要尝试不同的方法。只要在失败后，转换正确的想法，进行另一种尝试，总有获得成功的可能。

（4）转换办事思路

在办事时，有时需要几种不同的方法共同实施，才能取得最好的效果。办事的灵活机动，就是能在不同的方法中灵活地转换，用最有效的措施达到办事的目的。

激励人生每一天

要想把事办成，我们就要善于思考。不同的方法用于办不同的事，或几种方法一起运用于一件事情当中等。总之，能够在办事中灵活机动，将不同的方法灵活转换，最终将事情办成。

5.办事要遵循双赢原则

办事的目的应是双方都能获利，总是为自己利益着想的人是贪婪而愚蠢的，而实现双赢才是办事的最终目的。聪明人用双赢的原则处理与伙伴，甚至是对手的利益分配关系，这样才能为以后办事打下良好的基础。

有一则寓言故事：

一头狮子和一只狼同时发现一只鹿，于是商量好共同追捕那只鹿。

它们配合得很默契，当野狼把鹿扑倒，狮子便上前一口把鹿咬死。但这时狮子起了贪心，不想和野狼平分这只鹿，于是想把野狼也咬死，可是野狼拼命抵抗，狮子也身受重伤，最后谁都没能享受美味。

狮子目光短浅，不讲双赢的原则，不肯与合作伙伴分享胜利果实，结果两败俱伤，一无所得。

人生犹如战场，但毕竟不是战场。战场上敌对双方不消灭对方就会被对方消灭，而人生赛场则不一样，可以通过共同努力，促使大家一同前进。

 不取近利、实现双赢原则是一种智慧

冯伟是个生意人，但不像一般生意人那样见利忘义。

他刚开始做生意的时候，只是开了一个卖化妆品的小店，他卖货真价实的东西，却比其他人价格卖得低，将利益让给消费者，得到了人们普遍的认可，因此他赚到了第一笔资金。

之后，他又与人合作开了个小加工厂，朋友管销售，他管生产，资金也都是他投入的，但他却坚持把一半的利润分给朋友。他的小厂加工电子元件，利润很薄，但他坚持用低价策略，让利给经销商，很快他的小厂就走上了正轨。

他一直应用着双赢的原则，自己获得一小部分，让利给员工、经销商、零售商等。就连新开发的产品，他也不是自己独占，而是分给与之相邻的小厂。曾经有人笑他傻，他却一笑置之。几年后，他的小厂规模扩大，得到了朋友们甚至是竞争对手的帮助。又过了一些年，加工业普遍盛行，小电子元件市场渐渐饱和后，他所经营的电子元件已经初具规模，拥有了较强大的竞争力。这时候，人们才发现，他不取近利、实现双赢原则是一种智慧。

竞争是复杂的，任何人都不可能将对手全部消灭。如果因为一时贪心，必然会招来祸患，给自己造成潜在的危机。所以无论从哪个角度来看，那种"你死我活"的争斗在实质利益、长远利益上看都是不利的。因此，我们应该活用双赢的策略，彼此在竞争中相依相存。

如何达到双赢的目的

怎样达到与人双赢，实现自己的办事目的呢？聪明的人就是采用了下面的经验，让自己在竞争中更有实力。

（1）把眼光放得远一点

当我们把眼光放长远，看到未来潜在的利益时，就不会为眼前的利益所动。漫长的一生中，谁也不可能只办一件事，而要想事事成功，就需要有一定的策略。如果只顾眼前利益，不能将眼光放远，就会在小利益上斤斤计较，这样长此以往，别人就会厌倦与你的合作，最终将你孤立起来，再想办事就困难了。

（2）放弃是为了更好地得到

放弃眼前利益，也许暂时的收获不如预想的多。但是，这种放弃并不是无原则地放弃，随意地舍弃，而是类似于投入诱饵，是为了捕获更大的鱼。比如，有人用一条蚯蚓钓上了一条小鱼，用小鱼再做诱饵，就能捕获更大的鱼。办事时舍弃眼前利益，与之有相同的道理。

（3）双赢才能走得更远

在办事时，采用双赢的竞争策略是最好的。这倒不是看轻自己的实力，认为自己无力扳倒对手，而是为了现实的需要。任何"单赢"的策略对自己都是不利的，因为它会让你的对手树立强烈的对抗意识，也会让你的合作伙伴与你产生隔阂，对你造成不利的局面。

**激励人生
每一天**

所谓的"己所不欲，勿施于人"就是一种精神意义上的双赢，它避免了勉强别人所带来的压力，也减少了被别人勉强所带来的痛苦。"姜太公钓鱼"是一种行动上的双赢，它避免了垂钓人苦坐求鱼时的心焦，也减少了池中鱼儿嬉闹时的忐忑。两不伤害，求的是一份静默，是一份期许和等待。其实，办事也是如此，只有双赢才是最完美的结果。

第十章

千万不要入错行

※ 找好人生的第一份职业 ※

　　人生中的每一次选择都有可能成为生命中的转折点，而其中应该以择业的选择最为关键。假如你选择了一个不适合自己的职业，就意味着耗尽生命仍将一事无成。而选择了自己喜欢、自己愿意做的职业，无疑会让成功的概率大增，而且也会达到事半功倍的效果。

1.择业是实现人生目标的关键

择业对个人的影响是长远的，它将决定一个人的收入、社会地位、成功机会、朋友质量甚至配偶的选择，同时，它更是实现人生目标的关键所在。因为，每个人的人生目标，大多是通过稳固的事业完成的，而正确地择业，正是发展事业的关键一步。

比尔·盖茨中学毕业的时候，他父母对他说："哈佛大学是美国高等学府中历史最悠久的大学之一，是一个充满魅力的地方，是成功、权力、影响力的象征。你必须读一所大学，而哈佛是最好的，它对你的一生都会有好处。"

盖茨听从了父母亲的劝告，进了美国最著名的哈佛大学。当时他选择的是法律专业，但他其实并不想继承父业当一名律师。

盖茨在哈佛既读本科又读研究生课程（这是哈佛学生的特权），但他真正的兴趣依然在电脑上。这时，他在心里萌生了一个念头——退学。他曾在同朋友分析当时的社会形势时说："电脑很快就会像电视机一样进入千家万户，而这些不计其数的电脑都会需要软件，如果我们现在开始做，无疑会成为领先的起跑者，最后的胜利肯定是属于我的。我一定要创办自己的软件公司，这个行业的潜力是无穷的。"

这时候的他已经有了自己的想法，并有了明确的创业计划。终于，比尔·盖茨在大学二年级的时候，向父母说了他一直想说的话："我要退学。"

他的父母听了非常吃惊，但他们无法说服盖茨改变主意。于是，他们请了一位受人尊敬的商业界领袖去说服盖茨。

盖茨在同这位商业巨头会面的过程中像个布道者一样滔滔不绝地向他讲述自己的梦想、希望和正在着手做的一切。他审时度势地分析，让这位商业巨头不知不觉地被感染了，仿佛又回到了自己当年白手起家的创业时代。他忘记了自己的使命，反而鼓励盖茨："你已经看到了一个新纪元的开始，而且正在开创这一个伟大的时刻。这个行业非常好，放手去干吧，小伙子。"

父母无奈，只得同意了盖茨的要求。从此，盖茨一心一意地投身于开发电脑软件行业，他终于梦想成真，创造了世界瞩目的业绩。

盖茨审时度势地分析了当时的形势，权衡利弊，勇于放弃读完哈佛大学的机会，选择了自己喜欢的行业。也是他这一次正确的选择，让他走向了人生的成功。

正确地择业有利于发挥自己的才干

有这样两个关于择业的例子：

世界歌坛的超级巨星卢卡诺·帕瓦罗蒂说起他的成功秘诀时，经常提到自己问父亲的一句话。那时的他从师范院校毕业，正处在迷茫的选择职业期间，他向痴迷音乐并有相当音乐素养的父亲问道："我是当教师呢，还是做歌唱家？"他父亲回答说："如果你想同时坐在两把椅子上，你可能会从椅子中间掉下去。生活要求你只能选一把椅子坐下去，而正确地选择则会让你更容易走向成功的人生。"

帕瓦罗蒂选了一把椅子，而且是自己最喜欢的职业——做个歌唱家。经过7年的努力，帕瓦罗蒂才首次登台亮相。又过了7年，他终于登上了大都会歌剧院的舞台，一展他的风采。

俄罗斯著名男低音歌唱家奥多尔夏里亚宾19岁的时候，来到喀山市的剧院经理处，请求他听他唱几支歌，并同意他加入合唱队。但他正处在变嗓子的时期，结果没被录取。过了些年，他已成了著名歌唱家。

一次他认识了高尔基，跟作家谈了自己青年时代的遭遇。高尔基听了，出乎意料地笑了。原来就在那个时候，高尔基也想成为该剧团的一名合唱演员，而且……被选中了！不过，很快他就明白，他根本没有唱歌的天赋，于是退出了合唱队，从事写作的职业。

在这两个例子中，无论是帕瓦罗蒂还是高尔基，都是通过正确的职业选择，实现了自己的人生梦想。工作的方式有无数种，最重要的是找出最适合自己的方式，找准自己的位置。只有这样，你会发现自己的工作最有效，也最容易让自己在工作中收获快乐，更容易发挥自己的才干，取得人生的成功。

激励人生每一天

每个人都希望自己的一生能有所成就，实现人生目标，这些都离不开成功的事业。而对于事业来讲，正确地选择职业，则是最为关键的一点，因为正确地择业往往决定着一个人日后事业的成败。

2.千万不要入错行

人生的时间是有限的，一个人选错了行业，就极有可能在很长一段时间内，做不出任何成绩，徒然浪费时间。而且，在这个行业如果长期没有成绩的话，也会使人对自己的信心以及能力产生怀疑，甚至终其一生碌碌无为。

曾经有报纸报道，一位大学生毕生，他的工作很令人感到意外，是一家家政公司的搬运工人。他说他当年从学校毕业，一时找不到工作，便经人介绍到家政公司当临时工，赚点零用钱。没想到工作一段时间后，因为已习惯了那个工作和周围的环境，也就没有积极去找别的工作，于是一做便是十几年，现在年近四十，也不想换工作了。他说："换工作，怎么去找呢？我又有哪些专长可以让人用我呢？"目前，他还继续在家政公司当搬运工人。

也许有人会说，转行有什么难的？说转就转啊！

说起来容易，但恐怕很多人做起来都很难。因为一个人工作做久了，习惯了，加上年纪大了些，有了家庭负担，便会失去转行面对新行业的勇气。因为转行要从头开始，怕影响到自己的生活。另外，也有人心志已经磨损，只好做一天算一天；有时还会扯上人情的牵绊、恩怨的纠葛，种种复杂的原因，让你有"人在江湖，身不由己"的感觉。

其实行行出状元，并没有哪个行业不好，哪个行业才好，那为何又提醒人们"千万别入错行"呢？

这其实是在提醒你，找工作要睁大眼，找适合你的工作，找你喜欢的工作，找有发展前途的工作，千万别因一时无业，怕人耻笑而勉强去做自己根本不喜欢的工作。人都是有一定的适应性的，不喜欢的工作做上一两个月，一旦习惯了，就会被惰性控制，不想再换工作了，一日复一日，一晃三五年过去了，那时要想再转行，就更不容易了。

 找准自己的位置，才能抵达成功的彼岸

有这样一个寓言故事：

有两只老虎，一只生活在动物园里，一只生活在森林里。

森林里的老虎总是羡慕笼子里的老虎三餐无忧，过着安逸的生活；而在笼子里的老虎也羡慕着森林里老虎的自由自在，生活随意。一天，它们决定换一换，两只老虎在协商之后，都欣然同意了。

于是，笼子里的老虎走进了大自然，森林里的老虎走进了动物园。从笼子里走出来的老虎特别高兴，它为自己重新获得自由而欣喜万分，它在旷野里奔跑，在草地上打滚，似乎过上了梦想的生活。

走进动物园的老虎也很高兴，自己再不用为一日三餐担忧，再不用担心猎人手里的枪，它在动物园的虎山里走来走去，安逸地晒着太阳，日子过得非常惬意。

但好景不长，这两只老虎却都死了。

一只是因饥饿而死，一只是因忧郁而死。从笼子里走出的老虎获得了自由，但却没有捕食的本领；走进笼子的老虎获得了安逸，却没有适应在狭小空间生活的能力。

当你入错行时，就像故事中的老虎一样，终会被淘汰。一个人要想在工作中取得成就，首先就应该选择适合自己的行业，这样才更容易做出成绩。也只有找准了自己的位置，选择正确的职业，才能顺利抵达成功的彼岸。

发现入错行就要及时转行

择业的时候，谁都有犯错的时候，也有选择后，又发现这个行业并不适合自己的情况。假如你是完全为了生存进入一个行业，就必须认真思考这个行业到底是不是比较适合自己生存，有没有决心坚持及有信心去培养对这个行业的兴趣。假如，对这个行业毫无兴趣而又不愿意花时间和精力去培养兴趣，就注定在这个行业是不会有好结果的。这个时候，你就需要考虑及时转行，以便有足够的时间去发展新的事业。

罗大佑起初是学医的，后来他发觉自己对音乐情有独钟，就选择了音乐作为自己的职业，于是，才有了《童年》、《恋曲1990》等经典歌曲。他的选择无疑是正确的。

马克思年轻时曾想做个诗人，也曾经努力写过一些诗（就是后来他自称是胡闹的东西），但他很快就发现自己的长处和兴趣并不在这里，便毅然放弃做个诗人的梦想，转到社会科研上面去了。

英国著名诗人济慈本来是学医的，后来发现了自己有写诗的才能，就当机立断，放弃了医学，把自己的整个生命投入到诗歌创作当中。他虽然只活了二十几岁，但他为人类留下了许多不朽的诗篇。

上面这几个人，都是从一个自己认为不适合的行业，转行到自己感兴趣的行业中来的，并都取得了成功。这几个小故事说明：当你发现入错了行，要及时走出来，转入自己认为正确的行业，否则，就会被时间的洪流所湮没，最终一事无成。

如果你若真的"入错行"，也有心转行，那么就要铁了心，毅然决然地转行，否则岁月是不饶人的。

激励人生
每一天

　　选择，与其说是一个严肃的哲学命题，倒不如说是人们为了生存和发展得更好，一种本能的自我优化。精于选择，选对行业是人生非常重要的一个环节。所以，在择业时，我们应力求小心谨慎，权衡利弊。虽然选错了行业可以更改，但这远没有一开始就选择正确的路好。

3.毛遂自荐会有更多机会

　　"毛遂自荐"作为职场推销自己的一个方法，已经越来越为人们所接受。现代社会竞争日趋激烈，"待价而沽"或等人来"三顾茅庐"的时代已经过去，如果不主动出击，等到别人看到你，知道你的存在，知道你的能力，那么可能已经错失了许多良机。

　　在职场中，要想获得一份工作，或是让上司、同事重视你，毛遂自荐都是很好的方法。关于"毛遂自荐"的成语，很少有人不了解。战国时，秦国攻打赵国，平原君奉命到楚国求救，他的门客毛遂自动请求跟着去。到了楚国，平原君跟楚王谈了一上午没有结果。毛遂挺身而出，陈述利害，楚王才答应派春申君带兵去救赵国。"毛遂自荐"就是比喻自己推荐自己。

　　张月第一次体会到"毛遂自荐"的奥妙时，他还在一家出版社任职。

　　有一天，编辑部来了一个女孩子，要见社长。后来张月才知道，这是一位"毛遂自荐"的女孩子，英文很好，想到出版社来当编辑。因为社里当时没有英文书的出版计划，没有用她，但社长却把她推荐给一位同行，结果这位女孩子很快就有了工作。

后来社长提及此事时说：这位女孩子的英文能力并不像她自己所描述的那么好，但她敢毛遂自荐，至少表现了她主动积极和勇于挑战的一面，当领导的当然喜欢用这样的人。

张月把这句话牢牢地记在了心里，他很清楚，企业用人是要为企业赚钱的，而不是请来当摆设的。因此，主动积极并具有挑战精神的人，对企业来说简直就是大旱之时的雨水。

这件事已过去十几年，这十几年来，张月看到许多勇于毛遂自荐的人取得了成功和怯于自荐的人在原地踏步的例子，而张月自己也曾因毛遂自荐而走出人生的另一片天空。

那是在三年前，张月从原单位下岗了，每天困守家中，苦闷异常，后来想起他那位社长的话，便拟了一个自荐书，主动与一家出版公司接洽，负责人和张月谈得很融洽。虽然合作最后没有成功，但却因这次的毛遂自荐而有了更大的勇气。

不久后，他又毛遂自荐到一家杂志社，而这次他成功地获得了一份工作。

 工作时与其坐等伯乐，不如毛遂自荐

静从名牌大学毕业后，进入了一家国内知名的民营企业去工作，为此她放弃了本能进入国家机关工作的机会。她认为民企办事效率高，没有那么多的条条框框，更容易施展自己的才华。

几年过去了，静一直很努力地工作，但是她并没有多大发展，于是有些心灰意冷，准备离开，走前她去向一直对她还不错的副总告别。

她对副总提出了一些工作建议，和自己认为一些必须要做的机制改革，等等。这位副总听了她的意见之后大惊："这些真是公司的问题，既然你早就发现了，为什么你一直都没有说呢？你看到了公司的种种漏洞，为何不上报并拿出具体的改革措施？你现在走等于承认自己没有发展的本事，并不能证明你确实有才华，是公司没有发现你。如果你真心想走，就把你的改革方案拿出来，现在就去毛遂自荐，看看老总会不会执行，如果他不肯采纳你的建议，你再走不迟。"

静接受了副总的挽留，她想反正几年都待了，也不差这么几天，就决定再干一个月。于是，她先后在各种大小会议上发了言，不但分析了公司的行政管理、销售管理，就连公司的组织结构也分析得很透彻。

一周后，她又把公司改革的具体实施方案直接交给了老总，并希望自己能坐执行副总的位置。老总基于这几次会议上她的表现，特意开会研究她的职位问题。果然，她得到了副总的位置，并负责改革的具体实施。

静确实雷厉风行，经过半年的大调整，公司呈现出一派欣欣向荣的景象。随着公司的日益壮大，她的薪水也在不断提高，更重要的是，她明白了毛遂自荐的好处，这让她很有成就感。

机会是要去争取的，但若想脱颖而出，我们就需要有毛遂自荐的精神，积极地争取，积极地行动，这样你才会有更多的机会。

毛遂自荐需要了解的技巧

在工作中应该适时地毛遂自荐，推荐自己做某项工作或担任某项职务。但是，毛遂自荐也需要掌握一定的技巧。比如，热门的职务和工作争逐者众多，这种毛遂自荐的效果不会太大（但总比闷声不响好）。而有一种状况特别适合毛遂自荐，那就是困难的工作。

如果你有能力，可自告奋勇去挑战人人避之唯恐不及的工作，因为别人不愿意做，毛遂自荐正可凸显你的存在，如果一战成功，你当然是唯一的英雄。如果失败，也学到了宝贵的经验，而且也不会有人怪你，因为本来就没有人愿意做那件事。此外，你的毛遂自荐，也替你的上司解决了难题，他对你的感激当然不在话下。而最重要的是，这个过程将成为你日后面对更艰难工作勇气的来源，而你的作为也将成为人们给你最高评价的依据，光是这一点，就可让你在日后"享用不尽"。

如果毛遂自荐没有如愿，千万别灰心沮丧，因为你的勇气已在别人心中留下深刻的印象，而且一次的失败正是下次成功的本钱。

不过"毛遂自荐"时要注意以下几点：

首先要量力而行，不能吹嘘自己的能力，有几分能力就说几分话，太过吹嘘，别人会认为你在吹牛，反给人不实的印象。

其次就是在强调自己的能力时，最好有具体的资料，让资料说话胜过你说得口干舌燥。而且，毛遂自荐不是王婆卖瓜，自卖自夸，而是根据自身的条件，感觉能胜任才可"自荐"。

激励人生
每一天

"毛遂自荐"是一种勇气，也是对自我的肯定。当我们有足够的能力以及信心的时候，为什么不给自己一个机会呢？也许，一次简单的自荐，就可以得到自己想要的工作，就拥有了升职的机会。

4.不要只为薪水而工作

没有人不关心自己的薪水，但如果仅仅把工作当作赚钱的工具，那么，恐怕就要一辈子都在解决生存问题，而不是事业问题。薪水固然要努力多赚些，但那只是个短期的小问题，最重要的是在工作中获得宝贵的经验、过人的能力和优秀品格，为事业打下良好的基础。

世界著名的成功学专家拿破仑·希尔曾经聘用了一位年轻的小姐当助手，替他拆阅、分类及回复他的大部分私人信件。当时，她的工作是听拿破仑·希尔口述，记录信的内容。她的薪水和其他从事相类似工作的人大致相同。

有一天，拿破仑·希尔口述了下面这句格言，并要求她用打字机打出来："记住：你唯一的限制就是你自己脑海中所设立的那个限制。"

她把打好的纸张交还给拿破仑·希尔时说："这句格言使我获得了一个想法，对你、我都很有价值。"她经过仔细地思考，然后有了新的工作法则。她开始在用完晚餐后回到办公室来，并且从事不是她分内而且也没有报酬的工作。她开始把写好的回信送到拿破仑·希尔的办公桌上。

她已经研究过拿破仑·希尔的风格，因此，这些信回复得跟拿破仑·希尔自己所能写的一样好，有时甚至更好。她一直保持着这个习惯，直到拿破仑·希尔的私人秘书辞职为止。当拿破仑·希尔开始找人来补秘书的空缺时，他很自然地想到这位小姐。

不仅如此，这位年轻小姐高效的办事效率引起了其他人的注意，有很多人为她提供更好的职位请她担任。她的薪水也多次得到提高，现在已是她当初时作为普通速记员薪水的4倍。

她使自己变得对拿破仑·希尔极有价值，因此，拿破仑·希尔不能失去她这个帮手。

我们一定要学会用积极的心态去工作，既是为了得到那份薪水，也为自己独立创业准备条件。所以，在一开始工作的时候，不必太计较薪水的多少，而一定要注意工作本身给予你的其他东西，如技能的培养、经验的积累、品格的提升等。

眼光放长远一些，你会得到更多

如果我们不只顾眼前利益，而将眼光放长远一些，趁自己年轻，多学一些真本领，难道还拿不到高薪？也许，到那时我们都不需要别人付给薪水了，因为也许你已经是个决策者了。

世界上大多数人都是在为薪水而工作，如果你能不为薪水而工作，你就超越了芸芸众生，也就迈出了成功的第一步。

张先生和王先生一起到华夏电脑公司做程序员，张先生总觉得他这种人才紧俏，每天上班都会看看招聘新动向，以便发现比现在工资高的单位就走人。还真是搜到了几家，就偷偷去面试了，成功后就找了个借口跟老板说了再见。

而王先生并没有为张先生所说的高薪动摇，继续留在了华夏公司。当三年后两人再见面，张先生说他已经在三年内跳了三次槽，现在能拿一万元工资。而他并不知道在他走后公司刚好有个外派机会，王先生到美国学习培训了半年，回来后技术有了长足长进，思想超前，早已被提升为项目经理，年薪达几十万。

如果我们以薪水为个人奋斗目标，那是无法走出平庸的生活模式的，也从来不会有真正的成就感。如果只想着对得起自己的工资，而不想着自己的未来，这样的人注定会平庸一生。

很多人普遍都有这样一种心态：自己是打工者，因而只做与自己职责相关，并与自己所得薪水相称的那些工作。结果除了拿那点薪水，自己也毫无所获，甚至因态度不积极，自己的那份工作和薪水也保不住。

如果你能将工作当作自己的事业一样去经营，那么，你就会以全局的角度来考虑这份工作，就会从中找到做工作的最佳方法，会把工作做得更圆满、更出色。有了这样的心态，你就会因工作做得出色而使薪水得到提升，也为开创自己的事业准备条件。

生活中还有比薪水更重要的东西

薪水只是对工作的一种报偿。一个人如果只为薪水而工作，没有更高尚的目标，并不是一种好的人生选择，受害最深的不是别人，而是自己。

虽然工资应该成为工作目的之一，但是从工作中能真正获得的东西却不仅仅是装在信封中的钞票。

一些心理学家发现，金钱在达到某种程度之后就不再诱人了。即使你还没有达到那种境界，但如果你忠于自我的话，就会发现金钱只不过是许多种报酬中的一种。试着请教那些事业成功的人士，他们在没有优厚的金钱回报下，是否还继续从事自己的工作？大部分人的回答都是："绝对是！我不会有丝毫改变，因为我热爱自己的工作。"想要攀上成功之阶，最明智的方法就是选择一项即使酬劳不多，也愿意做下去的工作。当你热爱自己所从事的工作时，金钱就会随之而来。你也将成为人们竞相聘请的对象，并且获得更丰厚的酬劳。

工作固然是为了生计，但是比生计更可贵的，就是在工作中充分发掘自己的潜能，发挥自己的才干，做正直而振奋的事情。如果工作仅仅是为了面包，那么生命的价值也未免太低俗了。

工作的质量决定生活的质量。无论薪水高低，工作中尽心尽力、积极进取，能使自己得到内心的平静。工作过分轻松随意的人，无论从事什么领域的工作都不可能获得真正的成功。将工作仅仅当作赚钱谋生的工具，这种想法本身就是失败的。

只为了薪水工作，这是典型的穷人心态。抱着这样的心态打工，你就永远只能是打工者，甚至连工也没得打，只好忍饥挨饿，在抱怨中过着贫穷的生活了。

激励人生
每一天

事业上的成功者，往往并不是那些只为薪水而工作的人，而是那些有高尚目标的人。那些只为薪水工作的人，做什么事都用钱去衡量，他的眼光很狭隘，看不到更远的地方。

5.转行风险大，别轻易跳槽

人渴望找到一个能施展才华、使自己有所发展的工作环境。但是，为了追求更好的待遇或环境，追求那种冒险精神，满足自己的"壮志"，而频繁地跳槽，往往会丢了"西瓜"捡了"芝麻"。

有位科研人员王某，有着极强的个人欲望，总希望尽快取得惊人突破，写出划时代的论文或著作，使自己跻身科学家之林。

他认为只要领导把他安排到位，充分信任和理解自己，自己要取得重大成果只是时间问题。也许正是他过高评价了自己的能力，结果领导为了配合他的工作，已经给他换了三次岗位，可他总是到一处烦一处，走一处闹一处。

在他看来，让他拿烧瓶，搞测量无异于用牛刀杀鸡，纯属大材小用。从这样的基础搞起，何日才能实现远大理想？简直就是暗无天日；让他做管理工作，他又觉得事情太过琐碎，简直就是扼杀他的灵感。他一次次找领导提意见、打报告，希望重新安排，特殊支持。

可是，他并不知道，他们单位有很多工作人员已经这样默默地重复着这项"没啥意思"的工作多少年了。他不知道科研工作并不是单纯一个人的成功，还有很多人做着基础工作。于是他又调到一家他认为或许能使自己一展才华的单位去了。

就这样几十年过去了，他在哪个单位待的时间都不长，最终也没有研究出任何成果。而当初与他一起工作的人，那些每天拿着烧瓶的工作人员，也都不同程度地有了成就。

这样不安于工作，只用频繁跳槽来回避工作的人，最后的结局只能是失败。没有人扼杀他的灵感和能力，正是他自己扼杀了本来可能成功的事业。

为什么最好不跳槽

许多人都把"跳槽"看成市场经济发展的规律，经常跳槽的人，富有冒险精神，是不安于现状、有雄心壮志的人。其实，"跳槽"的风险也很大，若无大决心、大魄力，最好不要轻率为之。很多事情常出人意料，事先的评估和判断都很好，真正做下去才发现不如预期的那么顺利和乐观，转行也是如此。因此，除非真的迫不得已，最好还是别"跳槽"，其原因如下：

（1）做事靠经验，经验则是累积来的，而不是可以从速成班学来的，速成班教的都是皮毛而已。如果你跳的是和本行毫无关系的行业，等于是把过去所累积的专业经验全部丢掉，而再从头开始，无疑是浪费了以前的经验，也浪费了宝贵的时间。

（2）做事要有成就，冲劲也很重要，而人一到了特定年龄，冲动就会减少；在要收成的年龄"跳槽"，就算有冲动，也会少了许多，守成的心态反而会让你在新的行业进退不得。于是一转眼，40岁了，50岁了，光阴虚度，不堪回首，何必呢？

话虽这么说，但并没有让你委屈自己老死本行的意思，但"跳槽"的风险毕竟太大，若无大的决心和把握最好不要轻易去冒这个险，尤其不能听别人说哪个行业如何地好，就嫌弃起自己的本行，心动又行动。这种哪边好哪边跑的心态会让你一辈子都在"跳槽"，一辈子也不能取得成就。

跳槽并不一定是最好的选择

张先生是外科主治医生，他的外科手术是一流的，做事也非常认真仔细，是个让人尊敬的医生。一个偶然的机会，他从死神手中拉回的病人改变了他的人生轨迹。

那个人是省里的一个重要领导，来他所在的县里视察工作。一场车祸让他住进了县里的医院，当时送领导去的人都以为他不行了，县医院的医生也都觉得回天乏术，还通知了他的家人。后来有人想到了他所在的那个简陋的医院，抱着试一试的想法，领导被转进了他所在的医院。

他精湛的医术使领导起死回生，他的人生也从此走上了另一条轨道。领导回省里后，认为他绝对是个人才，在那个小医院里简直就是埋没人才，于是决定将他调到省卫生局工作。

他也犹豫了一阵，到卫生局工作当然好，工资也高，待遇也不错，而且在省领导的关怀下工作，成功的机会可能更大些。但是，他唯一舍不得的就是手中的手术刀。

几番权衡，加上亲戚朋友的力劝，他还是决定去卫生局工作。

然而，那里的工作并不像想象中那么简单，繁杂的工作经常弄得他焦头烂额，而闲暇时却又无事可做。另外，这样的工作跟手术室的工作完全是两回事，复杂的人际关系让他无所适从。

两年后，他分到了宽敞的房子，职位也有所提升。但他却一点也提不起精神，总觉得像少了什么东西一样。别人羡慕的生活在他的眼里却成了煎熬，他像病了一样，做什么也没有精神。

又这样过了两年，他终于不堪权力和虚名的负累，毅然决然地调转了工作，去了一家医院任职。当地医院恳请这个卫生局下来的干部做领导工作，但他没有接受，他觉得只有在手术室里，他才能快乐起来，只有看着病人康复，才是他最大的幸福。

几年后，他的医术更加精湛，成了当地有名的"一把刀"，他的笑容也灿烂了起来。

从这个医生的经历可以看得出来，跳槽不是对每个人都适合的，即便跳槽后的工作更好。当一个人做自己不擅长而又不感兴趣的事，这种跳槽就是非常失败的。骆驼更适合沙漠，奔马更适合草原。每个人都有自己的位置，如果完全不顾自己本身的能力，这样的跳槽也是不会成功的。

激励人生每一天

有一句话说"常移植的树长不大"，说的正是"跳槽"这件事。"跳槽"的想法百分之九十以上的人都有过，光是想当然没什么关系，如果不只是想，还真的要跳，那么还希望你三思而后行。

第十一章

细节决定成败

※ 天下大事必做于细 ※

老子曾说："天下难事，必做于易，天下大事，必做于细。"这句话精辟地指出，要想在人生中取得成功，必须从简单的事情做起，从细微之处着手。世界上的任何事，从根本上讲，都是由一些细节构成的。而在今天激烈的社会竞争中，决定成败的也是这些微若沙砾的细节。同时，这些微小的细节也将决定一个人一生的成败。

1. 天下大事必做于细

现实生活中，想做大事的人很多，但愿意把小事做细的人很少。他们总是认为这些小事不应该是自己做的，这些细节对于大局无关紧要。其实，仔细想来，不正是一点一滴地将每一件事做好，最终成就了人生的大事吗？

有三个人去一家公司应聘销售主管。他们当中一人毕业于某知名管理学院，一名毕业于某商院，而第三名则是一家民办高校的毕业生。在很多人看来，这场应聘的结果是很容易预料到的，然而事情恰巧相反。应聘者经过一番测试后，留下的却是那个民办高校的毕业生。

在整个应聘过程中，他们经过一番番测试后，在专业知识与经验上各有千秋，难分伯仲，随后招聘公司总经理亲自面试，他提出了这样一道问题，题目为：

假定公司派你到某工厂采购999个笔记本，每个大约4元钱，你需要从公司带去多少钱？

几分钟后，应试者都交了答卷。管理学院毕业的应聘者答案是4300元。

总经理问："你是怎么计算呢？"

"就当采购1000个笔记本计算，可能是要4000元，其他杂费就算300元吧！"答者应对如流。但总经理未置可否。

第二名应聘者的答案是4150元。

他对自己的答案解释道："假设1000个笔记本，大概需要4000元左右，另外可能需用150元。"总经理对此答案同样没表示态度。

接着，他拿起第三个人的答卷，见上面写的答案是4106元，感觉有些惊异，立即问："你能解释一下你的答案吗？"

"当然可以，"该同学自信地回答道，"笔记本每个4元钱，999个是3996元。从公司到某工厂，乘汽车去时票价30元。从工厂回来要用大车装，费用要80元。因此，最后总费用为4106元。"

总经理不觉露出了会心一笑，收起他们的试卷，说："好吧，今天到此为止，明天你们等通知。"

做大事不拘小节，固然是一种做事态度，但这往往也是一种很危险的做法，不拘小节有时会误大事的事例不胜枚举。无论是在工作还是生活中，做事认真仔细，才能把事做得尽善尽美。

做好小事，才能做得了大事

在平凡而琐碎的生活中，往往涉及很多细节。有时候，正是对细节的一个简单的关注，就有可能改变一个人一生的命运。人生中没有许多大事发生，其实，正是那些小的细节，影响着我们的人生。所谓"天下大事必做于细"，是非常有道理的。

美国加州卡特尔斯建筑公司是名震全美的建筑公司，作为公司执行总裁的威尔，更是建筑行业中的佼佼者。八年前，他是作为一名送水工被卡特尔斯一支建筑队招聘进来的。他就是从一名普通员工，逐步做好一些细节的小事，一步步跃上了事业巅峰的。

初进公司，威尔并不像其他的送水工那样把水桶搬到工地之后就躲在阴凉的墙角，一面闲聊工资太少，一面无聊地吸烟。他是走到工人中间给每一个忙碌在岗位上的工人的水壶倒满水，并在他们休息时，一边给他们加水，一边听他们讲解关于建筑的各项工作。很快，这个勤奋好学的送水工便引起建筑工长的注意。

几个月后，威尔当上了计时员。为了做好这个工作，他更是倍加努力，而且还经常与建筑工人待在一起，义务地提供帮助的同时也向他们请教，不久他就熟悉了各种建筑工作的操作方式与技能，对于各种细节更是了如指掌。

当建筑队的负责人不在时，工人们遇到麻烦事，他总能有办法解决。一次。威尔把旧的红色法兰绒撕开包在日光灯上，以解决工地上没有足够的红灯来照明的困难，这一举措得到在场所有人的赞赏，负责人也因此决定让这个细心而又能干的年轻人做自己的助理。

在威尔的帮助下，这支建筑队的规模很快扩大了几倍，而且效率比别的建筑队都高。后来经这位负责人推荐，威尔调到公司，不到一年威尔便成了公司的副总。威尔不断进步，他在副总的位子上更专注于细节的工作。在他的带动下，客户的满意程度较以前有很大提高。两年后，董事会决定任命威尔为集团公司执行总裁。

一个普普通通的送水工，一步一步地成长，并没有走什么捷径。他只是做好自己能做的每一件小事，继而有了做大事的机会，并取得了成功。

现实生活中，许多人思想上都存在着这样一个误区：成大事者不拘小节。然而，很多时候并不是这样的。试想，如果一个人连小事都做不好，还能做什么？一屋尚扫不干净，又怎么能扫天下？"天下大事必做于细"，世界上的哪一件大事不是由小事累积起来的呢？

俗话说："一滴水可以折射太阳的光辉。"有时候，一些非常小的细节，比如待人接物，举手投足，言谈举止等，都能给人留下深刻的印象。一个人若平时不注意细节，就会因小失大，最终与成功失之交臂。细节，微小而细致，但它的影响却是人所共知的。生活中，想做大事的人很多，但愿意把小事做细的人很少，而正是那些把细节做好的人成就了大事。

激励人生每一天

"粒米成箩，聚沙成塔"，人生之路是由一个个毫不起眼的细节组成的，平时多注意细节，多在小事上下功夫，才能做成大事，最终叩响成功的大门。

2.用心发现细节的五个实质

生活中的一切都是由细节构成的，如果一切归于有序，决定成败的必将是微若沙砾的细节，细节的竞争才是最终和最高的竞争层面。因为，细节中蕴藏的实质，往往决定着一件事情乃至人生的成败。

20世纪世界最伟大的建筑师之一密斯·凡·德罗，在被要求用一句话来描述他成功的原因时，他只说了五个字："魔鬼在细节"，他反复地强调，如果对细节的把握不到位，无论你的建筑设计方案如何恢宏大气，都不能称之为成功的作品。可见对细节的作用和重要性的认识，古已有之，中外共见。那么，细节的实质究竟是在哪些方面体现出来呢？我们归纳了以下几点：

(1) 细节是一种机会

有个公司招聘高级管理人才，几个通过笔试的应聘者前来复试。应聘者都很自信地回答了考官们非常简单的提问，可他们最后都没有被录用。轮到后来一个人，他走进门时，发现干净的地毯上扔着一个纸团。一向注意细节的他将其捡了起来准备扔进废纸篓里。这时考官对他说："不要扔掉，请你打开那张纸。"这位应聘者展开纸团，只见上面写道："热忱欢迎您到我们公司任职。"实际上，这才是考官们的真正考题。

其实，在很多时候，别人对你的印象更多地体现在一个细节上，当你注意自己的细节，注意别人的细节，你就会发现一些机会，甚至得到一个机会，因为，细节本身就蕴藏着机会。

（2）细节表现修养

当很多人关注着大事、大成功的时候，细节总是被一些人所忽视。然而正是这些小小的细节最能反映一个人的真实状态，因而也最能表现一个人的修养。也正因为如此，透过小事看人，成为衡量、评价一个人的最重要的方式之一。

世界上第一位进入太空的加加林，他为什么能在20位宇航员中脱颖而出？

原来，在确定最终人选的前一个星期，苏联航天飞船的主设计师罗廖夫发现，在进入飞船前，只有加加林一个人脱下鞋子，只穿袜子进入座舱。就是这个细小的举动赢得了设计师的好感，他觉得这个27岁的年轻人很有修养，懂得珍爱他人的劳动，于是决定让加加林执行人类首次太空飞行的神圣使命。加加林就是通过了这么一个不经意的细节，表现出了他的修养和素质，也使他成为第一个遨游太空的人。

（3）细节凝结效率

生活中我们都有这样的体验，当一个人马马虎虎做事的时候，往往丢三落四，顾头不顾尾，结果做事所耗费的时间更长。而一个人若处理好每一个细节，稳扎稳打，却更容易取得成就。这就是细节凝结效率之所在。

现代标准化大生产管理是从泰勒开始的，他的管理理念最大的特点就是细节化管理，将细节标准化。他将每一个人的动作都进行精确地测算，在找到最大化地发挥动作的收益之后，就将这一动作作为标准确定下来，让员工按照此标准执行。在他这套理论里，细节就是效率的前提。其实，生活中我们做事也是一样，当我们做好每一个细节，也就最大程度地做好了每一件事。

（4）细节体现能力

有的人一心想做大事，追求成功，成功却了无踪影；有的人甘于平淡，认真做好每个细节，成功却不期而至。这就是细节的魅力，它会带给你水到渠成的惊喜。为什么会这样呢？那就是因为，所有的细节都在某种程度上体现着你的能力。

什么是不简单？海尔总裁张瑞敏说："把每一件简单的事做好就是不简单。"什么是不平凡？他说："把每一件平凡的事做好就是不平凡。"是的，细节成就完美，就是因为细节作为一种表现形式，已经完全体现了你的能力。

（5）细节体现艺术

无论做人还是做事，都忌讳大而化之，精于细微才能真正提高一个人的水平。王永庆曾经说过这样一段话："对待各种事不能只重视'面'和'线'，而忽视了'点'，应该重视'点'，'点'真正完善了，'线'和'面'就简单了。"各种问题，其实基本都还是体现在"点"上，而"点"的改善是无止境的，如何画好"点"，也就是如何做好每一个细节，则体现了艺术。

如果每个人都用艺术创作的态度对人或对事，要把自己所做的事情看成一件艺术品，对自己所做的事仔细琢磨。只有这样，你的生活才是一件优秀的艺术品，也才能经得起生活的考验。

激励人生每一天

戴维·帕卡德曾经说过："小事成就大事，细节成就完美。"所以，不要对细节之事放任不管，当你做好了细节之事，未必能够遇到平步青云的机会；但如果你不能做好细节，你就永远也不会有这样的机会。

3.留心细节，职场中脱颖而出

　　一些忽视小事，专做大事的人，他的成就往往不如做小事的人。这是什么原因呢？因为小事来得频繁，积累起来数量也就大；而大事毕竟不多，积累起来数量也就自然小了。工作中也是如此，如果你留心工作的每一个细节，积累起来就会有很好的工作成绩，你就能脱颖而出。

　　一个很普通的女孩，在一所极普通的大学读书，平时也很腼腆。她得知妈妈患了重病之后，想减轻一点家里的负担，希望利用暑假的时间挣一点钱，贴补家用。她到一家公司去应聘，经理看了她的履历，既没有工作经验，人也不是十分突出，很干脆地回绝了她。

　　女孩收回自己的材料，用手掌撑了一下椅子站起来，觉得手被扎了一下，看了看手掌，上面沁出了小血珠，原来椅子上有一只钉子露出了头。她见桌子上有一条镇纸石，于是拿来用它将钉子敲平，然后转身离去。几分钟后，经理却给她打电话过去，告诉她明天就可以上班了。

　　在一件很细小、与自己无关的事情上也能体现出对别人体贴和关心的人，能获得成功是无可置疑的。这个普通的女孩，就是通过一个小小的细节，获得了一个工作的机会。其实，职场中有很多值得关注的细节，当你抱怨找不到工作，抱怨工作成绩不好的时候，你想想平时对于一些细节是否留意过呢？

只要留心细节，处处都有脱颖而出的机会

　　在职场中，人人都有取得成功的机会。但是，并不是所有人都取得

了一定的成就。因为，很多人都忽视了留心细节这个关键的所在。为什么会产生这样的结果呢？原因就是，当成功的机会出现的时候，往往是一些非常细小的问题，不容易被发现。而那些成功者能够抓住那些小小的细节，也就抓住了成功的机会。

美国著名的家具经销商尼·科尔斯，曾经经历过这样一件事：一次店中突然失火，几乎烧光了家具店里的一切。只有一些粗壮的松木，外面烧焦，而内芯得以残存。面对这突如其来的灾难，他在悲伤之余却没有颓废。他仔细观察着被毁掉的一切，忽然，他在那些残存的废料中发现了商机，因为那焦木的旧纹理和特殊的质感使他产生了灵感，他决定要制造以突出表现木纹为特点的仿古家具。

于是，他小心翼翼地刮去废木上的沉灰，用细砂纸打磨光滑后，再涂上一层清漆，那些废木便显出了古朴、典雅、庄重的光泽和清晰的木纹。就这样，他制造的仿古典木质家具独领潮流，从此生意兴隆。

尼·科尔斯因祸得福，他能从一件简单的事物中认真观察，留心细节问题，让灾难变成了一次机遇。如果换一位不善于思考的人，不善于留心细节的人，去看那堆燃而未尽的废木头，可能奇迹永远都不会出现。

这个故事的道理，我们也可以应用到职场上。那就是，无论在职场上顺利与否，都不能放弃对于成功的追求。当顺利的时候，我们要从中留心一些细节，把工作做到精益求精；当遇到挫折和失败的时候也不要气馁，还是要从败局中发现细节，以求败中取胜。

职场上的成功也是一点点积累起来的

美国社会工作者海伦·凯勒的老师安妮·沙莉文曾经说过："人们往往不了解，即便是取得微不足道的成功，也必须迈过许许多多蹒跚艰难的脚步。"如果你希望一下就能登上成功的殿堂，希望成功唾手可得，那么，你就错了。成功从来都是积累出来的，而不是天上掉下的馅饼。

成功者没有遗传得来的天赋，更没有把事情做得尽善尽美的诀窍。

同样，成功者也不是无师自通的天才，学了第一课，就能够一下子成为专家；做了一天工作，立刻就能升职加薪，这种"马上如愿"的思想，是导致失败的大敌。

在工作中积累，其实就是一件又一件小事地去积累，直到有一天，你会惊讶地发现，自己是一个多么了不起的人。也许在工作中，一件事情会影响一个人的前途，几件事情会改变一个人的一生，从搬运工到哲学家，从奴隶到将军，从凡人到伟人，都不是一天、一月、一年就可以达到的，它需要经过长期的努力、长期的追求、长期的积累、长期的磨炼才能够达到。

不断地追求，才有不断的进步；不断地行动，才有不断的成就；不断地积累，才有不断的提高；不断地积小步，才有跨越的能力；只有不断在工作中一点点地努力，才能取得职场上的成功。

积累管理的经验就可能成为管理者，积累工作的经验就可能成为这方面的专家，积累买卖货物的本领就可能成为商人。这种积累，既是痛苦的，又是快乐的。但这种积累也是职场中最有成效的。只要你认真做，留心细节的所在，你就能在职场上有所成就。

激励人生 每一天

职场上的细节最不应该被忽略。如果你不是第一领导，你所遇见的大事还是非常少的，你想要在大事上表现的机会也是不多的。那么，要想脱颖而出就要注意细节的积累，当你做好每一个细节，也就是做好了你的工作。这样，你的前程才可能是无限光明的。

4.聚焦细节，财富便可轻松拥有

捕捉细节一定要处处留心，独具慧眼。其实只要你仔细留心身边的每一件小事，这每一件小事当中都可能蕴藏着巨大的机会。成功的人之所以成功，就是他们绝不放过每一件小事。他们对什么事情都极其敏感，能够从许多平凡的生活事件中发现机遇，抓住机遇，所以他们更容易积累财富。

意大利人对足球非常痴迷，每到有重大赛事的时候，大家都在家里看球，这在一定程度上冲击了餐饮业。因为每到足球联赛，特别是像世界杯这样的足球大赛到来的时候，成千上万的球迷都闭门不出，端坐在电视机前观看足球赛。因而，每到足球大赛到来的时候，众多的餐饮店都是萧条异常，然而有一位餐饮业主开的餐馆生意却异常火爆。

这位老板用的是什么绝招呢？其实，他的招数非常简单。那就是，他在餐馆的每个角落，包括走廊、卫生间都安装上了电视机，以保证每位前来光顾的客人在任何一个地方都能够看到精彩的球赛。

这位老板的成功，完全得益于他对于细节的关注。由于他的细心，他发现意大利人在球赛到来时不愿意到餐馆来的原因就是在餐馆看不到球赛。因此，要使顾客回到餐馆就得有一个两全其美的方法，于是他才发明了用电视服务招揽顾客的方式，这一方法果然非常有效，使他取得了非常可观的收入。这个事例说明，只要留心细节，把握细节，财富就可以跟着细节随之而到。

处处留心，你就可以发现别人忽略的商机

财富是人人都渴求的，为什么有人能轻松地得到，而有的人终其一生地追求反而一无所得？除掉一些客观的因素外，我们应该反思一下，是否有一些细微的、足可以改变我们人生状况的机会，被我们忽略了呢？我们来看一下这个例子：

在20世纪80年代初，农村经济体制的改革极大地调动了农民的生产积极性，也提高了农民对生产投入的兴趣。在一段时间里，一般农户对镰刀、锄头等最基本生产工具的需求大增，导致生产这类农具的原料——毛铁和钢板供不应求，在一些地方甚至完全脱销。与此同时，在一些大厂的围墙里，堆着大量边角料和废铁板，如何处置这些"废物"成了厂长们的一块心病。

有一天，张先生到在供销社供职的同学那里喝茶聊天，偶尔说起毛铁脱销以及城里一些工厂的边角料怎么比毛铁还好的事，他就想起了自己的一位亲戚在某城一家船厂里工作，顿时感觉眼前一亮。第二天，他兜里装着80块钱的全部资本直奔某城，找到了在造船厂的亲戚，又通过亲戚找到了厂长。厂长一听说需要他们厂的废钢铁，当下同意了这个解决厂里难题的提议，便吩咐派辆卡车送去。这一趟他是无本万利，净赚了一千多元。

几天后，他见生意非常好，便同厂方订立了长期协议：所有废弃的边角料都被他们以极低的价格包销，一包就是3年。就是这样，一个"钢铁大王"产生了。

其实，所谓"钢铁大王"，也并没有什么特殊之处，只不过张先生的头脑十分灵活，对于细节的注重和把握也很到位，也正是因为这一点，让他创造出了非凡的成功。

聚焦细节也能成就大事

杜妥·波尔索正在试验一个控制静电的电子仪器，忽然，他注意到他身边一个技师的香烟把仪器的马表烧坏了。杜妥·波尔索非常懊恼，因为马表坏了必须中止试验，重新再装上一个马表，既耽误进程，又让这一组数据变成了无用之物。但他很快就想到，马表对香烟的反应可能是一个非常有价值的信息。这个看似很不起眼的细节在他的脑子里一动，就促使杜妥·波尔索发明了第一个防火报警警铃，在防火领域做出了突破性的贡献。

一些人之所以不能成功，并不是因为没有成功的机会，而是因为他们一心想要做大事，忽略了一些本应该得到关注的小事。他们的大意使机遇一次次地从他们眼前溜走而自己却浑然不觉。因此，对于这些人来说，他们要想取得成功，要想捕捉到成功的机遇就必须擦亮自己的双眼，留心身边发生的每一个细节。这样，他们才能够在机遇到来的时候伸出自己的双手，从而捕捉到成功的机遇。

还有这样一个通过细节做出创造的故事：

日本索尼公司名誉董事长井琛大到理发店去理发，一边理发一边看着电视，但由于他躺在理发椅上，所以他看到的电视图像只能是反的。就在这时，他突然从这一细节找到了灵感。他想："如果能制造出反画面的电视机，那么即使躺着也能从镜子里看到正常画面的电视节目。"有了这些想法，他回到索尼公司之后就组织力量研制和生产了反画面的电视机，并把自己研制出来的电视机投放到市场上去销售。果然这种电视机受到了理发店、医院等许多特殊用户的欢迎，因而获得了巨大的财富。这则事例给我们的启示就是功夫不负有心人，只要你能够聚焦细节，那么成功并不是遥不可及的梦想。

成功的人之所以每每能抓住创造财富的机遇，完全是由于他们在生活中处处都很留心，他们具有一双捕捉机遇的慧眼，当机遇来临的时候，他们就能迅速做出反应，从而把成功牢牢地抓在自己的手中。

5.千万别忽略一个细节的错误

"千里之堤，溃于蚁穴"这并不是耸人听闻的事情。有调查表明，许多人的失败并不是败在决策上，而是败在执行时的小细节上。一些细微的小事，虽然对整体的决策起不了很大作用，但如果忽略了这些细节，成功就会离你越来越远。

国王查理三世准备与里奇蒙德伯爵带领的军队做最后一战。敌人正在向查理进攻，这场战斗将决定谁统治英国，所以，查理特别重视这场战争。当天早上，查理派了一个马夫去备好自己最喜欢的战马。

马夫对铁匠说："快点给它钉掌，国王希望骑着它打头阵。"

铁匠回答："我前几天给国王全军的马都钉了掌，现在我得打点儿铁片出来，你等我一下。"

"什么？"马夫不耐烦地叫道，"国王的敌人都快到了，我们必须在战场上迎击敌兵，你快一点吧！"

铁匠埋头工作，从一根铁条上弄下四个马掌，把它们砸平、整形，固定在马蹄上，然后开始钉钉子。钉了三个掌后，他发现钉子不够了。

"钉子不够了，"他说，"我得去找两个。"

"难道你没听见军号在响吗？"马夫急切地说，"你能不能再快一点！"

"我能凑合把马掌钉上，但是不能像其他几个那么结实。"

"那也行，你快点吧，战斗可不等人的。"

铁匠回答："好吧，我尽快，但是这样的做法，我可没有十足的把握。"

两军正式交锋，查理国王亲自领兵出击，率领部队冲向敌阵。远远地，他看见战场另一头自己的几个士兵退却了。如果别人看见他们这样，也会后退的，所以查理策马扬鞭冲向那个缺口，召唤士兵调转头战斗。

可是，还没走到一半，一只马掌掉了，战马跌翻在地，查理也被掀翻在地上。国王还没有抓住缰绳，惊恐的马就跳起来逃走了。查理环顾四周，他的士兵们纷纷转身撤退，敌人的军队包围了上来。

他无奈地站在地上，"马！"他喊道，"一匹马，我的国家倾覆就因为这一匹马。"他没有马骑了，他的军队已经四处逃散，士兵自顾不暇。不一会儿，敌军俘获了查理。

这个传奇故事出自已故的英国国王理查三世逊位的史实。他1485年在波斯战役中被击败，莎士比亚的名句："马，马，一马失社稷！"

"少了一个铁钉，丢了一只马掌，少了一只马掌，丢了一匹战马。少了一匹战马，败了一场战役，败了一场战役，失了一个国家。"

所有的损失都是因为少了一个马掌钉。这一故事告诉我们，一个小小的细节疏忽，会带来多么大的损失，人们将为一点点细节的疏忽付出多大的代价。

细节的小事，足以影响全局

我们可能都熟悉"蝴蝶效应"这一理论。它是指在一个动力系统中，初始条件下微小的变化能带动整个系统的长期的巨大的连锁反应。

美国气象学家爱德华·罗伦兹1963年在一篇提交纽约科学院的论文中分析了这个效应。"如果这个理论被证明正确，一只海鸥扇动翅膀足以永远改变天气变化。"在以后的演讲和论文中他用了更加有诗意的蝴蝶。对于这个效应最常见的阐述是"一只蝴蝶在巴西轻拍翅膀，可以导致一个月后得克萨斯州的一场龙卷风"。

蝴蝶效应通常用于天气，但用在我们的人生旅途上，一样有其不可忽视的效用。这个效应说明，事物发展的结果，对一些细节具有极为敏感的依赖性，一些极小的偏差，将会引起结果的极大差异。

有个这样的故事：

一个制药厂希望与德国的一家企业合作，引进德国的生产设备，双方合作经营。经过一番分析后，德国方面认为方案确实可行，并派出了专家组对制药厂进行实地考察。考察两天后，德国方面差不多都已经同意了这个合作项目。可是，就在参观制药车间时，一件小事让德方改变了主意，其原因就是：制药厂的副厂长在陪同期间，在制药车间吐了口痰。德方后来解释原因时说：一个负责生产的厂长可以随意在车间吐痰，可以想象药的质量。就是这么一个细节，让本来有望成功的合作，变成了一个美好的幻想。

在现实生活中，我们要做的事情有时候就如同多米诺骨牌一样，一点轻微的晃动就会导致整体系统的崩溃。或许只是一件产品不合格，就导致了工厂的倒闭；或许一个细节的差错，我们就有可能丢了工作；或许就是一个微小错误，导致企业的失败，等等，这绝对不是天方夜谭。所以我们要关注生活中的每一个细节，才有可能保持最完美的状态。

激励人生每一天

在生活中，一些细节的事情，正是体现了一个人做事做人的方法与特点，也许，一个小的疏忽就能使人对你产生不好的印象。另外，一些细节也往往影响着事情的最终结果。所以，无论做什么事情，细节万万不可忽视，否则就有可能付出极其惨痛的代价。

第十二章

机遇在勤奋者手中

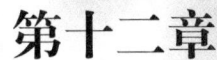 ※ 寻找机遇，改写一生 ※

　　机遇就是时机与际遇，也就是通常所说的机会。每个人都希望抓住机遇，抓住机遇了也就意味着你的命运开始有好的转折，好的前景。人的一生中，利用的机会越多，成功的可能性就越大。有时候，抓住平凡的机会，便可使你的一生不平凡。

1.机遇是改变命运的第一桶金

当机遇出现时，抓住了它，也就抓住了一次改变命运的机会。此时，机遇已不再是机遇，而是一种握在手里的资本。要想改变命运，你首先应该具备一定的能力，然后再抓住机遇，成功就会离你很近了。

"这是最好的年代，也是最坏的年代；这是智慧的年代，也是愚蠢的年代；这是信任的年代，也是怀疑的年代；这是光明的季节，也是黑暗的季节；这是希望的春天，也是失望的冬天……"

我们所处的年代与狄更斯在《双城记》开篇时描绘的年代何其相似——我们处于一个飞速变革的年代。变化之快令许多人无所适从，茫然无措；也使另外一些人抓住了一次次闪烁的机会，撕破命运的罗网，一举跃上了龙门。

有人总结出，人的成功取决于三大要素：天才、勤奋和机遇。其中的机遇是万万不可缺少的。有的人才华过人，有的人勤奋肯干，可总与成功无缘，他们欠缺的便只是机遇了。而相当多的人能够成功，就是因为机遇来了，把握住了机遇，将机遇变成了一生的幸运。

抓住了机遇，你就扼住了命运的咽喉

在1949年一个阴雨绵绵的日子里，巴黎一个酒吧中，一个17岁的青年人独自一人喝着闷酒。他出生于意大利威尼斯一个商人家庭，本来应该拥有幸福的生活。但第一次世界大战毁掉了父亲的生意，一家人被迫迁居法国。母亲没有工作，父亲无力东山再起，全家的重担都落在他稚嫩的肩膀上。

此时，他在一家红十字会打工，靠着勤奋和聪明，他当上了一名小会计。但会计的收入很低，根本就应付不了一家人的生活开支。就连一件像样的衣服，他都买不起，只好自己做，好在他有裁剪的爱好，做出来的衣服还能穿。

我的前途在哪里呢？偌大一个巴黎，为什么没有我的机遇呢？

这时，一位衣着华贵的伯爵夫人坐到了青年的旁边，并和他说话。

"你身上的衣服是从哪儿买来的？做得很不错！"

"我自己做的。"

"自己做的？"伯爵夫人显然很吃惊，但她肯定地说，"孩子，努力吧，你一定会成为百万富翁！"

我的衣服做得很不错！我一定会成为百万富翁！青年心头的阴云立即消散了，因为还从来没有一个人这样评价过他，何况，眼前还是一位有地位、有身份的贵妇人。

1950年，坚信自己能够成为百万富翁的青年租了一间简陋的门面，开了一家服装店。就在这一年，他为著名影片《美女与野兽》设计过剧装，并且主办了一次服装展示会。青年的事业步入快车道，一步一步向他的目标迈进。1974年12月，美国《时代》杂志封面刊登了他的照片，并称他为："本世纪欧洲最成功的设计师。"

他就是皮尔·卡丹。

有人说，在法兰西文明中，有四个名称知名度最高、地位最突出：埃菲尔铁塔、戴高乐总统、皮尔·卡丹服装和马克西姆餐厅。四个中的后两个，都是皮尔·卡丹的。如今的皮尔·卡丹，早已超越了百万富翁的目标。在世界五大洲的80多个国家里，有600多家工厂在按他的设计制作"皮尔·卡丹"牌服装和"马克西姆"品牌的各种产品，他拥有5000多家专卖店，年营业额超过100亿法郎。

其实，有时候改变命运的机遇很简单。就像皮尔·卡丹一样，他只是因为偶然听到的一次夸奖，坚信自己能够成功，并认真地努力做，结果，他成功了。

顶尖的人创造机会，优秀的人抓住机会，普通的人坐等机会

无用的人常常浪费自己的时间去等候机会；有作为的人只要看见机会，不论大小，都会抓住并且加以利用。有时候这种小机会，如果你去估计它的收获，常常是可以称为大机会的。

美国著名演员查尔斯·科伯恩在总结一生的经验时说："很多东西会帮助你成功——大脑、精力、教育。但有一件事甚至更为重要，那就是：看准时机……如果你掌握了审时度势的本领，在你的婚姻、你的工作以及你与他人的关系上，就不必去追求幸福和成功，它们会自动找上门来的。"

很多时候，一个不起眼儿的机会就是你一生命运的转折点。

许多人抱怨自己没有赶上那个新旧交替的年代，其实不过是一种自我安慰。机会无时无刻不在，只看你能否抓住。在你看来平平淡淡的时段，也许几年后就会发现，有一批人就是在这几年间成长起来的。就在2001年，陈天桥还和大家一样，都是普普通通的白领，用于创建盛大网络的50万启动资金也是多方筹借来的，而2003年，盛大的市值已经达到了40亿。相信2001年有50万资金的人不是少数，当时的你在做什么呢？是在抱怨没有机会，还是在拿着50万的资金付首付买房买车？

网络游戏早已有之，ＭＵＤ风靡网络也不是一天两天的事情了。只是从来没有人想到，为游戏加上一个图形化界面竟会有如此神效。陈天桥抓住了这个机会，所以他成功了。

因偶然发现的小机会而取得人生成功的实例，可谓数不胜数。历史上有无数典范和榜样，激励着我们去闯去做。我们每一分钟都处在新机会的门槛上。但是，对于懒惰者来说，再好的机会也一文不值；而对于勤奋者来说，再普通的机会也仿佛千载难逢。

大多数人在机会面前最容易犯的一个错误是：总是想寻找那些能使我们获得财富与声望的"绝佳机会"，而对那些普通的小机会却视若无睹，置若罔闻。

也许一个人一生只需要抓住一次机会，就足够了。上帝是吝啬的，一些人终其一生都不曾得到过上帝之手的垂青，也有的人与机会擦肩而过却浑然不觉。如果你意识到了自己曾经浪费过机会，伴随你的一定是无穷无尽的后悔与懊恼。

激励人生
每一天

机遇相当重"情谊"，你对它倾心，它也会对你钟情，给你报答。但机遇绝不轻易光顾你的门庭，不愿意投入的人，也得不到它的偏爱与回报。所以，我们应该给予机遇足够的重视，努力积累实力，等待机遇来临时，抓住机遇，打开成功的门。

2.机遇永远青睐有准备的人

机遇只偏爱那些为了事业的成功做了最充分准备的人。换句话说，只有在"万事俱备"的情况下，东风才显得珍贵和富有价值。综观古今中外，凡成大事者之所以能够获得命运的青睐，是因为他们能牢牢抓住机遇，而机遇只偏爱那些为成功做了最充分准备的人。

"机遇只偏爱有准备的头脑"这是一句早为人们耳熟能详的名言。

我们发现成功的人之所以能够获得命运的垂青，能在机遇来临之时牢牢地抓住机遇，就是因为他们较之常人为此进行了更为漫长和充分的准备。他们就像一颗颗种子，在黑暗的泥土中蓄积营养和能量，一旦听到春风的呼唤，他们就会破土而出，长成挺拔俊秀的栋梁之材。

这就很好地解释了这样一些问题，即为什么有的人总能得到比别人更多的机遇？为什么面对同样的机遇有人成功了有人却失败了？为什么有些资质原本平平的人却能得到命运的垂青，而某些天资甚佳者却最终庸碌无为？为什么成功者总显得比别人幸运？

这些问题的回答可归结为一句话，那就是：机遇只偏爱那些为了事业的成功做了最充分准备的人。换句话说，只有在"万事俱备"的情况下，东风才显得珍贵和富有价值。如果机遇可被每个人轻而易举地抓到，尤其是那些得过且过的人，那么这种机遇便显得没有多少价值了。的确，只有爱思考的人、懂得为机遇做出准备的人，才能获得机遇，给人生点亮一盏明灯。

只有做事上心的人才懂得积累实力，而当他们自身的实力积累到一定的程度时，机遇便会自动登门拜访。

 只有做好了准备，机遇来时才有价值

王填出生在湖南省一个偏僻小山村，生活过得非常艰苦。后来，他考上了湘潭市商业学校。

一天，王填去商店买东西，听到店老板与顾客为没有热水瓶胆而争执。聪明的王填动了下脑筋一想，如果专门卖热水瓶胆肯定能挣钱。王填在做热水瓶胆销售上开始了小范围内的攻城略地，两年来他几乎将湘潭市大中专院校的热水瓶胆生意垄断了。

毕业后的王填来到"南北特食品公司"上班，半年后他从一个打杂工变成了采购员，负责公司的食品采购工作。后来又因业务突出，被公司任命为业务科长。在王填的努力下，把金龙鱼油、雀巢咖啡从合资企业引进到湖南来，甚至长沙商家也都来"南北特食品公司"进货，在全国的影响很大。

1994年，王填借款 5 万元成立了"湘潭市步步高食品公司"，他先是拥有了台湾"统一集团"的方便面在湘潭的经销权，开始的时候销售势头出奇得好。有一次，王填去离湘潭不远的湘潭县作市场调查，发现统一方便面在湘潭县城寻不到踪影。于是他改坐销方式为推销。在推销的方式下，不出半年他就建立了大约800多家的分销终端网络，取得了众多供应商的支持。他的"步步高公司"的名气越来越大。

后来，王填又注意到一条并不起眼的消息：羊城即将筹办一个中国零售业的高层研讨会，主要探讨中国国营零售业的发展之路。以"发展连锁超市是中国零售业的发展方向"为主题。王填感受到"连锁超市"就是自己公司的经营理念和发展目标。他决定在湘潭办超市，如今，"步步高"以湘潭为中心，拥有量贩店80家、连锁店110家，年营业额达50亿元人民币。王填希望能把"步步高"做成中国的"沃尔玛"。

许多成大事者都是创造机遇的高手，就像王填一样，他们总是在努力，总是在奋斗，开始时他们是在找寻机遇，而一旦当他们自身的实力积累到一定的程度时，机遇便会自动登门拜访，这时候的每个机遇都变得更有价值。

做好相应的准备，机遇会随之而来

一般来说，机遇是被人创造出来的，是人的主观能动性和外界环境变化的客观必然性的结合。当你主观方面做好了准备会影响到客观环境的变化，机遇就会随之而来。同样，当一定的客观机遇已经出现后，那些不断在提高自身素质方面进行努力的人则要较之常人更容易接近和抓住这些机遇。

苏联著名戏剧大师斯坦尼斯拉夫斯基在题为《一个偶然发现的天才》中，讲述了他姐姐的成才之路。他的姐姐原本是剧团中管理布景和道具的工作人员，没有人发现她能演戏。但是，他姐姐确实喜欢演戏，并在工作中不断揣摩演戏的技巧和方法。

一天，有一个戏的女主角病了，实在没有人代替，斯坦尼斯拉夫斯基就决定让姐姐暂时代替女主角排练，正是这个偶然的机遇，让他发现了一个杰出的表演人才——他的姐姐，后来她成了一名著名的戏剧演员。

在这个故事里，斯坦尼斯拉夫斯基的姐姐就是凭着一次机遇，从舞台背后走上了舞台。但是，如果她事先没有良好的准备，对戏剧一窍不通，她也不会成为一个出色的戏剧演员。这个故事就是说，只要先做好了准备，机遇就会随之而来，而且，你也可以抓住这难得的机遇，走向成功。

另外，随着自身才能的不断提高，知名度的不断增加，所面临的发展机遇也会相应地有质和量的提高。可以说，没有主观的努力，就不会有这么多的良好机遇。从这个角度上说，机遇是那些有准备的人创造出来的，是对其努力的一种肯定和回报。

如果机遇可被每个人轻而易举地得到，那么这种机遇便显得没有多少价值了。事实上，机遇往往是一种稀缺的、条件苛刻的社会资源，要得到它，必须要付出相当的代价和成本，必须具备相应的足以胜任的资格，而这一切都离不开长期艰苦的准备。只有当你准备好了，你才能更有眼光去发现机遇，打开机遇的大门。这就是机遇为什么更偏爱有准备的人的原因。

虽然时机是一种不以人们意志为转移的客观因素，有一定的神秘性，但是也不是无法捉摸和预料的。聪明的人总是一方面从事手头的工作，一方面注意捕捉着取得突破或成功的时机。当时机没有成熟的时候，便积蓄力量或者寻找出路，一旦时机成熟就顺应形势或潮流，促成自己的事业达到高潮。

激励人生每一天

在没有机遇的时候，不要慨叹命运的不公，而是要努力为机遇做好准备。当你有了一定的能力和实力，就更容易发现并拥有更多的机遇，这时候再抓住机遇，努力向上，则成功就会指日可待。

3.机遇面前人人平等

> 机遇表现在人生活的每一个环节上，比如升学、考试、就业、
> 恋爱、家庭，等等，而这些成功的机会则对每个人都是均等的，只
> 是个人的努力不同而已。

两个欧洲人到非洲去推销皮鞋。由于炎热，非洲人向来都是打赤
脚。第一个推销员看到非洲人都打赤脚，立刻失望起来："这些人都
打赤脚，怎么会要我的鞋呢？"于是放弃努力，失败沮丧而回；另一
个推销员看到非洲人都打赤脚，惊喜万分："这些人都没有皮鞋穿，
这皮鞋市场大得很呢。"于是想方设法，引导非洲人购买皮鞋，最后
满载而归。

这就是一念之差导致的天壤之别，面对相同的机遇，由于一个人灰
心失望，不战而败，而另一个人满怀信心，认为这是一个好机遇，一次
难得的财缘，而大获全胜。

什么是机遇？想发现机遇，你必须先明白机遇的本质。

机遇的存在是客观的，它并不会因为人的喜恶而改变。因此，一般
说来，机遇是平等的。机遇是指能促进事业获得成功的偶然的或一闪即
逝的现象、先兆或时机。如生活中，人们经常遇到一些很小的不方便，
如果在此基础上进行一些小改动或小发明，就可能成为发财赚钱的好机
遇。可为什么这种人人都遇到的小麻烦却被少数几个人抓住机遇而发财
了呢？这就是善不善于发现机遇的问题了。

机遇是普遍而客观存在的。它并没有注定要被谁发现。善用头脑、
仔细的人在一般普通的事物中就可以发现许多的机遇。而对凡事马马虎
虎的人来说却怎么也找不到机会。在现实生活中，人们把科学工作者有

意识、有计划、有目的地进行某项观察、实验时的偶然发现，称之为机遇；把某人得到贵人的提携，或者在困境中遇到转折点，从此走上成功之路的现象，称之为机遇；把在政治、军事、文化等活动中出现的起带动促进作用的新情况、新际遇，称之为机遇。

由此可见，机遇无处不在，在人们的各个领域中都广泛存在。只要你发现了它，并能够驾驭它，它总会带给你不错的回报。

你为什么错失了机会

常常听到有些年轻人抱怨命运女神忽略了他，总以为自己碰不上好机会，总以为能够利用的机会太少，因而把工作和生活上一切不顺心的事，都归结到机会很少光临自己。

其实，机会对每一个人都是平等的，不存在厚此薄彼的问题，这就像阳光雨露会播撒到大地上的每一个地方一样，关键是一个人面对机会时究竟能不能真正把握住。

在能够把握机会并且充分利用机会的人那里，机会似乎时刻都存在着，他们对机会就像有经验的船夫利用风一样，两者之间似乎有一种默契。而在对机会毫无知觉也不会很好地利用的人那里，即便机会来到眼前，他也不能及时地抓住，而是常常让机会白白地失去。

不能很好地把握机会，成了许多人难以成功的原因之一。为什么有些人会常常抓不住机会，而在事业上停滞不前以致一事无成呢？原因主要有以下几点：

（1）缺乏对机会的敏感

有些人虽然可能懂得机会的重要性，却不善于认识机会、辨别机会和利用机会，结果当机会真的到来了他们常常会视而不见，失之交臂。

（2）由于性格、气质方面的缺陷

还有些人对自己缺乏自信，因而有时机会来了却迟疑不决，犹豫不定，缺乏主动性和积极性，结果往往是坐失良机，使自己永远与机会无缘,因而也就失去了成功的机会……

例如,生活中有不少人由于自卑和羞怯等方面的原因,常常在许多可以锻炼或展示自己的场合,不敢站出来让自己处于众人的目光之下展示自己的才能,不敢大声表达自己的意见,不敢带头做一件事情显示自己的组织才能,这样也就自然失去了脱颖而出的机会。

(3) 对把握机会的重要性认识不足

有些人认为成功与否完全在于自己的客观环境,而忽视自己的主观努力因素。他们对机会的把握认识不足,对把握机会的重要性更是认识不足,因此也就把握不住机会。

一个人要想抓住机会,首先要认识到机会对于事业、人生的重要性,要研究机会的特点和出现的方式,积极地追求机会,争取机会。决不应在机会到来时行动迟缓,疏于决断,造成一时甚至一生的缺憾。

激励人生每一天

机会对于每个人都是平等的,但它不会主动找上门来。培根说过:"机会老人先给你送上它的头发,如果你没抓住,再抓就只能碰到它的秃头了。"成功者善于抓住每个转瞬即逝的机会,充分施展才能,直至取得成功。

4.机遇路上有挑战,拨开荆棘是坦途

当机遇来临的时候,并不是所有的问题都会迎刃而解。所谓的机遇,其实就是某件事情的忽然转机而已,关键还是要抓住这次机遇,做好后续的努力,才可能获得成功。否则的话,即便你的人生有再多的机遇，也是无用的。

有一个年轻人遇到一个神仙，这个神仙告诉他说："有大事要发生在你身上了，你有机会得到很大的财富，在社会上获得卓越的地位，并且娶到一个漂亮的妻子。"这个人终其一生都在等待这个奇迹的实现，可是神仙的预言并没有发生。他穷困地度过了一生，最后孤独地老死了。

死去后的他，又看到了那个神仙。

他对神仙说："你说过要给我财富、很高的社会地位和漂亮的妻子的，我等了一辈子，却什么也没有，你这不是在欺骗我吗？"

神仙回答他："我没说过那种话。我只承诺过要给你机会得到财富、一个受人尊重的社会地位和一个漂亮的妻子，可是你却让这些从你身边溜走了。"

这个人疑惑地望着神仙，不明白神仙的意思。

神仙回答道："你可还记得你曾经有一次想到一个好点子，可是你没有行动，因为你怕失败而不敢去尝试。"这个人点点头。

神仙继续说："因为你没有去行动，这个点子一年后被给了另外一个人，那个人抓住了这个机会，并披荆斩棘地做了，你可能记得那个人，他就是后来变成全国最有钱的那个人。还有，你应该还记得，有一次城里发生了大地震，城里大半的房子都毁了，好几千人被困在倒塌的房子里，你有机会去帮忙救助那些存活的人，可是你却怕小偷会趁你不在家的时候，到你家里去打劫偷东西，你以这作为借口，故意忽视那些需要你帮助的人，而只是守着自己的房子。"

这个人不好意思地点点头。

神仙说："那是你的好机会，而那个机会可以使你在城里得到多大的荣耀啊！"

神仙继续说："你记不记得有一个头发乌黑的漂亮女子，你从来不曾这么喜欢过一个女人，之后也没有再碰到过像她这么好的女人。可是你想她不可能会喜欢你，更不可能会答应跟你结婚，你因为害怕被拒绝，就让她从你身旁溜走了。"

这个人又点点头，可是这次他流下了眼泪。

神仙说："我的朋友啊！就是她！她本来应是你的妻子，而且跟她在一起，你的人生将会有许许多多的快乐，你们还有美好的生活。可是，你却把这一切都失去了。"

我们身边每天都会围绕着很多的机会。可是我们经常像故事里的那个人一样，总是因为害怕而停止了脚步，结果机会就溜走了。其实，机会只是成功的前奏，如果有了机遇，却不懂得珍惜，那么机遇对于你来说是丝毫没有意义的。

有了机遇，还需要有挑战机遇的勇气

上中学的时候，阿杰还是个很平凡的学生，他的家庭条件很好，学习成绩不好，经常和社会上的人一起玩儿，根本不去想以后的生活。

一次重要的期中考试前，他的好友把他悄悄地拉过来说："告诉你一个好消息：我有这次考试的卷子，是另一个学校考过的，我朋友说这次我们就是考这张卷子。"

那是一张物理试卷，一直以来物理成绩较差的他几乎把它背了下来，如果按他的真实水平，远远达不到及格的分数，能考到50分就算不错了，但他那次以99分的成绩考了全班第一，他的朋友只因没好好练习这张试卷，仅考了70分。所有人都说他作弊了，但是作弊也不能考这么好啊，本班平时物理成绩最好的也才考了90分，那次老师表扬并奖励了他，表扬他进步很快。

那一刻，他真的流泪了，他没想到老师能够如此相信他，他也从来没有体会到那种感觉是多么地让人欣慰、喜悦和幸福。他也似乎体会到了一种从来没有过的自豪。

从那以后，为了证明自己没有作弊，为了对得起老师所说的那句话，他像发了疯一样地学习，并从中体会到了学习的幸福和快乐。老天不负有心人，他的成绩渐渐地在班上名列前茅。一年以后，他考上了重点高中，三年以后他考上了清华大学物理系。

如果不是那张偷来的试卷改变了他的命运，他日后也许就很平常了，那个考70分的朋友与他有着同样的机会，但却没能把握住，结果毕业后在一个工厂上班。

那次偶然改变了他的一切，他抓住了那个机会，而他的朋友却没有抓住，于是命运就变得如此不同。

其实人生有很多的偶然，有很多重新开始的机会，这种机会对于每个人来说，都是均等的，所以，不要轻易放弃生活给你的任何一个机会，也许一次偶然，就可以改写你一生的命运。

激励人生
每一天

毋庸置疑，机遇在成功的路上是极其重要的。但是，和天资、禀赋一样，机遇也毕竟只是提供一个机缘、一个条件、一种可能。这种机缘要变成现实，还要通过自己的艰苦努力。因为，努力奋斗不仅可以充分利用机会，它还可以为自己抓住机会，创造机会。

5.没有机遇时，要学会创造机遇

人不仅要把握机会，更要创造机会。走向成功的人，绝不是一个逍遥自在、没有任何压力的观光客，而是一个积极投入的参与者。善于制造机遇，并张开双臂迎来机会的人，才是最有可能成功的人。世界上最需要的，正是那些能够制造机遇的人。

在西格诺·法列罗的府邸正要举行一个盛大的宴会，就在宴会开始前夕，桌子上的那件大型甜点饰品不小心被弄坏了，管家急得团团转。

这时，一个孩子走到管家的面前小声地说："如果您能让我来试一试的话，我想我能解决这个问题。”

"你？"管家看着这个帮工的仆人惊讶地说。

"我叫安东尼奥·卡诺瓦，是雕塑家皮萨诺的孙子。"这个孩子自信地回答。

"你真的能做吗？"管家半信半疑地问道。

"我可以试试，反正现在没有更好的办法，我可以造一件东西摆放在餐桌中央，这样就可以解决这个问题了。"小孩子依旧镇定地回答。

这时，宴会已经快开始了，已经没有补救的办法了，于是，管家只能答应让安东尼奥去试一试。只见这个厨房的小帮工不慌不忙地端来了一些奶油。不一会儿工夫，不起眼的奶油在他的手中变成了一只蹲着的狮子。管家喜出望外，惊讶地张大了嘴巴，连忙派人把这个奶油塑成的狮子摆到了桌子上。

客人们陆续来到餐厅后，无不为餐桌上卧着的奶油狮子交口称赞。他们在狮子面前不忍离去，甚至忘了自己来此的真正目的。结果，整个宴会变成了对奶油狮子的鉴赏会。客人们情不自禁地细细欣赏着狮子，不断地问西格诺·法列罗，究竟是哪一位伟大的雕塑家竟然肯将自己天才的艺术浪费在这样一种很快就会融化的东西上。法列罗也愣住了，他当即喊管家过来问话，于是管家就把小安东尼奥带到了客人们的面前。

当得知这个精美绝伦的奶油狮子竟然是这个小孩在仓促间完成的，众人不禁大为惊讶。富有的主人当即宣布，将由他出资给小孩请最好的老师，让他的雕塑天赋充分地发挥出来。这是英国纪实小说家乔治·埃格尔斯顿曾讲述的一个真实的故事，也许很多人并不知道安东尼奥是如何创造机会展示自己的才华的，然而，却没有人不知道著名雕塑家卡诺瓦的大名，没有人不知道他是世界近代史上最伟大的雕塑家之一。

培根指出："智者所创造的机会，要比他所能找到的多。只是消极等待机会，这是一种侥幸的心理。正如樱树那样，虽在静静地等待着春天的到来，而它却无时无刻不在养精蓄锐。"人在等待机会的时候，还要时时审时度势，以寻求有利自身发展的机会。

机遇是找出来的，而不是等来的

"没有机会"永远都是失败者的托词。如果你问他为什么失败，他们中的大多数人会告诉你他们之所以失败，是因为不能得到像别人一样的机会，没有人帮他们，没有人鼓励他们……他们还会慨叹好的地方已经人满为患，好赚钱的行业都已经被人抢先占有，一切好的机会都已被人捷足先登了……总之是他们没有任何好的机会了。

而事实并非如此。机会的降临往往是非常偶然的，机会就暗藏在你的身边。不管你从事哪一类职业，其中都有机会。

在你现在所处的职位中，也许已经人满为患了，但在较高的职位上，却总有空缺等着合适的人去谋取。每天尽管有数以百万计的人失业，但在那些高等职业所在地的门口，却总是挂着"渴慕贤士"的招牌。世界各处都在寻求受到过良好训练的青年、英明的管理者与领袖。高贵的地位、优厚的待遇，总在等待着那些能力超群又能够胜任的人去赢取。其中很关键的一点就是：你是否懂得创造机遇，帮助自己成功。

亚历山大在打完一次胜仗后，有人问："假使有机会，你想不想把下一个城邑攻占？""什么？"他说，"即使没有机会，我也会制造机会！"世界上到处需要而恰恰缺少的，正是那些能够制造机会的人。机会是从来都存在的，只是看你是否采取行动，是否去主动争取罢了。

有三个人在同一个公司工作。三个人都有努力向上的积极思想，都想得到上司的赏识，其中的同事甲觉得自己有满腔抱负，但没有得到上级的赏识，经常想：如果有一天能见到老总，有机会展示一下自己的才干就好了。

同事乙也有同样的想法，他更进一步，去打听老总上下班的时间，算好他大概会在何时进电梯，他也在这个时候去坐电梯，希望能遇到老总，有机会可以打个招呼，但一直没有遇到过老总。

而同事丙详细了解老总的工作经历，弄清老总的个人爱好，人际风格，关心的问题，等等，精心设计了几句简单却有分量的开场白，在算好的时间去乘坐电梯，跟老总打过几次招呼后，终于有一天跟老总长谈了一次，不久就争取到了更好的职位。

只会凭空想象或者草草走过的人终究错失机会，最后失落而归；做出实际行动且专心者善于创造机会，最后走向成功。

比尔·盖茨曾说："如果让等待机会变成一种习惯，那真是一件危险的事。"工作的热心与精力，就是在这种等待中消失的。对于那些不肯工作而只会胡思乱想的人来说，机会是可望而不可即的。机会只会属于那些努力创造机会的人。

激励人生每一天

时机的到来虽不以人的意志为转移，但人在机遇面前，不都是被动的、消极的。许多成就大事的人，更多的时候，是积极、主动地争取机会，创造机会。